广东省地方畜禽遗传资源志

广 东 省 农 业 厅
广 东 省 畜 牧 兽 医 局 　编
广东省畜禽遗传资源委员会

南方出版传媒
广东科技出版社　全国优秀出版社
·广　州·

图书在版编目（CIP）数据

广东省地方畜禽遗传资源志/广东省农业厅等编. —广州：广东科技出版社，2018.10
　ISBN 978-7-5359-6678-0

　Ⅰ.①广… Ⅱ.①广… Ⅲ.①畜禽—种质资源—概况—广东 Ⅳ.①S813.9

中国版本图书馆CIP数据核字（2017）第018441号

广东省地方畜禽遗传资源志
Guangdongsheng Difang Chuqin Yichuan Ziyuanzhi

责任编辑：区燕宜
封面设计：柳国雄
责任校对：杨崚松
责任印制：彭海波
出版发行：广东科技出版社
　　　　（广州市环市东路水荫路11号　邮政编码：510075）
http://www.gdstp.com.cn
E-mail: gdkjyxb@gdstp.com.cn（营销）
E-mail: gdkjzbb@gdstp.com.cn（编务室）
经　　销：广东新华发行集团股份有限公司
印　　刷：广州一龙印刷有限公司
规　　格：787mm×1 092mm　1/16　印张7.75　字数155千
版　　次：2018年10月第1版
　　　　　2018年10月第1次印刷
定　　价：128.00元

如发现因印装质量问题影响阅读，请与承印厂联系调换。

《广东省地方畜禽遗传资源志》
编辑委员会

主　任：郑惠典

副主任：罗展光　罗道栩　刘付启荣

委　员：（按姓氏笔画排序）

　　　　统筹组

　　　　刘艳芬　吴秋豪　张永发　张国杭　张细权　陈三有　陈益填　陈瑶生
　　　　罗岳雄　赵　苹

　　　　猪专业组

　　　　王　翀　刘小红　李　岩　李加琪　吴同山　张　豪　陈三有　陈清森
　　　　陈瑶生　林　敏　莫德林　黄发朝　黄秀芬　曹长仁

　　　　牛羊专业组

　　　　马　龙　叶昌辉　刘　铀　刘庆朋　刘建营　刘艳芬　李华斌　陈三有
　　　　陈育峰　林树斌　郭建超　谢水华　戴小瑜

　　　　家禽专业组

　　　　邝智祥　许小飞　麦树诚　杜炳旺　李正晟　李春雨　李品红　杨纯芬
　　　　吴永浩　何丹林　何文军　沈　栩　张细权　陈　建　陈三有　陈益填
　　　　林　敏　林庆添　林祯平　罗庆斌　聂庆华　徐晓军　曹长仁　梁　永
　　　　舒鼎铭　瞿　浩

　　　　蜜蜂专业组

　　　　张学锋　陈三有　陈华生　罗岳雄　黄文忠

统　稿：陈三有　曹长仁

校　对：刘建营　李品红　郑石英　郭建超

内容简介
ABSTRACT

　　本书是在广泛深入的资料搜集、现场普查、屠宰测定、品种照片拍摄和统计汇总的基础上编写而成。书中收编了分布于广东省境内的地方畜禽品种20个，详尽介绍了各个畜禽品种的产地分布及环境生态条件、品种来源与变化、品种特征及生产性能、品种保护与研究利用及品种评价等，每个品种还附有彩色图片，适合相关科研教学、技术推广和生产应用人员参阅，对开展畜禽品种资源调查保护监测、提纯复壮与开发利用等工作都有很好的参考价值。

序
FOREWORD

"生物物种资源（包括生物遗传资源，下同）是维持人类生存、维护国家生态安全的物质基础，是实现可持续发展战略的重要资源。各地区、各有关部门要充分认识生物物种资源保护和管理的重要性和紧迫性，站在国家和民族长远利益的高度，以对子孙后代高度负责的态度，将生物物种资源保护和管理工作列入重要议事日程"（国办发〔2004〕25号）。畜禽遗传资源是在长期的生物进化和人类社会活动过程中形成的重要生物物种资源，是人类社会赖以生存与发展的重要物质基础。开展畜禽遗传资源保护与管理，是维护国家生态安全和生物多样性的需要，是保障食物安全和市场有效供给的需要，是发展农业、农村经济和增加农民收入的需要，是法律法规赋予我们的神圣职责。广东省高度重视畜禽遗传资源保护与管理工作，发布了《广东省畜禽遗传资源保护名录》，成立了广东省畜禽遗传资源委员会，实施畜禽遗传资源保护制度，加强畜禽遗传资源开发利用，培育畜禽新品种（配套系），发展特色畜牧业和优质畜禽种业，保障畜产品市场供给，推进畜牧业持续健康发展。

为加强对畜禽遗传资源的保护与管理，广东省在20世纪50年代初就组织开展了畜禽遗传资源调查，并于1987年编辑出版了《广东省家畜家禽品种志》，首次系统阐述广东省地方家畜家禽品种资源的数量分类、产地分布、特征特性、利用价值与利用现状等内容。30多年过去了，随着环境生态条件的改变和农业生产的发展，广东省畜禽遗传资源的种类数量、种质特性、产地分布和保护利用状况等都发生了很大变化。因此，根据农业部的统一部署，广东省农业厅于2006年开始，通过搜集资料、现场普查、屠宰测定、品种照片拍摄、数据汇总、统计整理和报告撰写等，历时4年多，顺利完成了新一轮的广东省畜禽遗传资源调查。在此基础上，广东省畜禽遗传资源委员会组织有关专家，对调查资料进行审核、复查、补充和更新，编纂完成了《广东省地方畜禽遗传资源志》。

该志书翔实记述了广东省地方畜禽遗传资源的最新状况，学术性与实用性兼顾，是广东省畜牧业系统专家学者、技术人员和生产者汗水与心血的结晶。值此出版之际，我谨向长期奋斗在畜禽遗传资源保护与开发利用第一线的全体同志表示热烈祝贺和衷心感谢，真诚希望社会各界继续关心支持广东省畜禽遗传资源保护与开发利用事业，热切希望全省畜牧业系统广大从业人员再接再厉，开拓进取，为广东省畜禽遗传资源保护与开发利用事业做出更大贡献。

广东省农业厅厅长

2017年12月

前 言
PREFACE

　　畜禽遗传资源是生物物种资源的重要组成部分，是发展畜牧业的重要物质基础，在维护国家生态安全和人类社会生存与发展等方面发挥着极其重要的作用，并随着人类社会活动的开展和生态环境的改变而始终处于动态变化之中。如果因为不作为而使资源丢失，将是对先人的不敬，对子孙后代的不顾。

　　为加强对畜禽遗传资源的保护与管理，广东省在20世纪50年代初就组织开展了畜禽遗传资源调查，并于1987年编辑出版了《广东省家畜家禽品种志》（广东科技出版社），首次系统阐述广东省地方家畜家禽品种资源的数量分类、产地分布、特征特性、利用价值与利用现状等内容。30多年过去了，随着环境生态条件的改变和农业生产的发展，广东省畜禽遗传资源的种类数量、种质特性、产地分布和保护利用状况等也都发生了很大变化。因此，根据农业部的统一部署，广东省农业厅印发了《广东省畜禽遗传资源调查实施方案》（粤农办〔2006〕138号），组织广东省畜牧技术推广总站、华南农业大学、中山大学、广东海洋大学、广东省农业科学院、广东省生物资源应用研究所等有关单位的专家学者和专业技术人员，在全省各有关畜牧（农业）部门的大力支持下，严格按照国家畜禽遗传资源委员会编制的《畜禽遗传资源调查技术手册》要求，深入开展新一轮广东省畜禽遗传资源调查。通过资料搜集、现场普查、屠宰测定、品种照片拍摄、数据汇总、统计整理和报告撰写等，历时4年多，顺利地完成了调查工作。

　　通过此次调查，发掘整理了陆丰黄牛、中山石歧鸽和华南中蜂等3个新品种，确认中山麻鸭处于濒临灭绝状态，粤东黑猪、惠阳胡须鸡、阳山鸡、乌鬃鹅和阳江鹅5个品种处于濒危状态，大花白猪、广东小耳花猪、蓝塘猪、清远麻鸡、杏花鸡、中山沙栏鸡、怀乡鸡、狮头鹅、马冈鹅、雷州山羊和雷琼黄牛11个品种处于无危险状态，并分别形成调查报告。

在此基础上，广东省畜禽遗传资源委员会组织有关专家，对调查资料进行审核、复查、补充和更新，编纂完成了《广东省地方畜禽遗传资源志》，翔实记叙了猪、牛、羊、家禽和蜜蜂等20个地方畜禽品种的产地分布、形成与发展、特征特性、饲养管理和品种评价等内容，并配附品种彩色照片。由于中山麻鸭已处于濒临灭绝状态，无法开展相应的测定测试工作，有关资料数据暂时仍沿用《广东省家畜家禽品种志》中的有关内容。

近年来，广东省高度重视畜禽遗传资源保护与管理工作，发布了《广东省畜禽遗传资源保护名录》，成立了广东省畜禽遗传资源委员会，实施畜禽遗传资源保护制度，至2017年底，已建成20个省级以上保种场（包括国家级保种场11个、保护区1个），培育畜禽新品种（配套系）31个，并采取措施大力发展特色畜牧业和优质畜禽种业，保以致用，以用促保。中山麻鸭的抢救性保护工作也正在有序地开展。

本志书凝聚了全体参与调查和编写工作的专家学者、专业技术人员和基层从业人员的集体智慧和劳动成果，虽力求尽善尽美，但限于水平和条件，疏漏和不妥之处仍在所难免，敬请读者不吝批评指正。

《广东省地方畜禽遗传资源志》编委会
2017年12月

目 录
CONTENTS

1 猪
概述……2
大花白猪……7
蓝塘猪……13
粤东黑猪……19
广东小耳花猪……24

29 牛
概述……30
雷琼黄牛……34
陆丰黄牛……39

43 羊
概述……44
雷州山羊……48

53 家禽
概述……54

清远麻鸡……57
惠阳胡须鸡……61
怀乡鸡……65
杏花鸡……69
阳山鸡……73
中山沙栏鸡……77

中山麻鸭*……80

狮头鹅……83
乌鬃鹅……88
马冈鹅……92
阳江鹅……96

中山石岐鸽……100

105 蜜蜂

概述……106
华南中蜂……109

参考文献……113

猪

概　述

一、广东省猪种的形成和发展

1. 广东省地方猪种的自身发展

畜牧业起源于原始的狩猎活动，在旧石器时代的早期和中期，广东省的先民"马坝人"已经开始猎取野猪作为食物来源的一部分。到了距今 6 000 年的新石器时代，野猪开始被逐渐驯化和圈养，考古学家从广东省贝丘发掘的兽骨，以猪骨居多，可以证明此事。据先秦时期的殷墟出土的甲骨文记载，商周时期已有猪舍，可见猪已经作为家畜被广泛饲养。从广东省韶关、佛山和广州出土的两汉古墓文物来看，广东省的猪种分布不论北部或南部，都属于小耳猪种形态，耳小而立、背腰宽广、臀部及大腿部发育良好、四肢短小，属于典型的华南型猪。之后经劳动人民的不断饲养和选育，最终发展成为广东小耳花猪、蓝塘猪、粤东黑猪、海南猪等。

同时，根据出土的两汉陶猪圈也能从中发现当时的养猪生产方式和水平。陶猪都是附在猪圈内外，在猪圈外侧设有斜梯，供猪上下进出。猪栏高离地面，便于排水和收集粪便。猪栏内有小洞，便于猪只进出运动。这一事实证明，当时的养猪方法，已采用舍饲和放牧结合，并重视养猪积肥了。

到了三国至南朝时代，我国中原地区战事不断。而岭南地区偏安一隅，中原人民大批南迁，不但带来了较为先进的种养技术，北方的猪种也随之引进。一方面北方猪种受到广东省温暖气候及饲养条件影响而发生变化；另一方面也和当地猪种开始杂交，逐渐形成了新的猪种类型。在粤北始兴的东晋墓葬中，考古人员发掘出大耳猪的模型，同时也发现了一些小耳型猪的滑石模型，这充分说明了广东省大耳猪种的形成已经距今有 1 500 多年的历史，并最终发展成为现在的大花白猪，如梅花猪和坭陂猪都是本类型的代表。

2. 广东省猪种对国外猪种的贡献

由于广东省海外贸易的便利和广东省猪种的优良特性，广东省猪种很早就被引进到西方改良当地的猪种。《英国大百科全书》载"现在欧洲的猪种，是当地的猪种和中国猪种杂交而成的"，又有"早在两千多年前，罗马帝国就引进了中国猪种，改良他们的原有猪种，而育成了罗马猪"。Briggs 在 1958 年出版的《现代家畜品种》中，论述了巴克夏猪与广东省的"黑猪"和"黑白花猪"有血缘关系，这一看法已被学界公认。

著名品种大白猪，即大约克夏猪，在 1818 年曾被称为"大中国猪（Big China）"。约克夏猪原产于英国北部的约克郡。当地猪原来的体型大，毛色白且粗糙，皮肤具有黑色或淡蓝色的斑点。其后引用广东省猪种和莱塞斯特猪（Leicester，亦含中国猪种血缘）杂交而育成优秀的白猪。而美国在同一时期，也从中国引进猪种而育成了波中猪和切斯特白猪。

3. 外来品种的引入和发展

约克夏猪、巴克夏猪和波中猪都是广东省在1919年由广州岭南大学最早引入，并在校内农场开展饲养繁殖和杂交试验。1954年开始，人们开始将巴克夏猪和约克夏猪与地方猪杂交饲养。1957年之后又陆续从澳大利亚引入约克夏猪和巴克夏猪，从苏联引入大白猪和可米洛夫猪进行饲养和杂交，在第一个五年计划的带动下，养猪业也逐步发展。但随后进入"三年经济困难"时期，饲料严重缺乏，大多数外来猪被淘汰，但巴克夏猪由于良好的品质，仍在许多地方被饲养。1964年，随着农业生产的恢复和发展，特别是港澳市场、大中城市对猪肉的需求增加，广东省开始从瑞典引进长白猪。1978—1981年，又从丹麦引进长白猪，从比利时引入斯格猪，从美国引进了杜洛克猪和汉普夏猪。2002年从法国引进皮特兰猪用以培育专门化品系。

改革开放后，随着规模化、集约化养猪的蓬勃发展，外种猪（包括杂交猪）由于具有生长周期短、屠宰率高、饲料转化率高等良好的经济性状，逐渐取代本地猪种和土杂猪成为生猪市场的绝对主导。各企业从国外引种，甚至一次性从国外引进上千头种猪也变得不再稀奇。近年来，人们在猪肉需求量得到满足的同时对猪肉品质的要求不断提高，不少企业发现这一商机，通过优化杜洛克猪和地方猪种的杂交组合生产优质土杂猪，在保持土猪风味的同时提高生产性能，生产"优质猪肉"，积极推动了地方猪种开发。同时广东省对外来品种的育种工作也不断加强，从20世纪90年代开始，积极推广种猪测定，加强种猪选育，逐渐树立了种猪大省的地位。外国猪种的新品系开发成绩喜人，分别由深圳市农牧实业有限公司、深圳光明畜牧合营有限公司和广东温氏食品集团有限公司培育的深农猪配套系(1999年)、光明猪配套系(1999年)、华农温氏1号猪配套系(2006年)相继通过了国家审定。

二、广东省地方猪种的特征和类型

受自然环境、农耕制度、社会经济、饲养管理等因素影响，加上北方猪种引进和本地选育，广东省猪种逐渐形成了很多优良特性，比如早熟易肥、肉味鲜美、繁殖力高、性情温驯、仔猪育成率高，并且耐粗饲和环境适应性强。同时，广东省猪种体型较小，除了和处于热带、亚热带地区，猪性成熟早有关，也和体型小适合小农经济，人们长期选留等因素有关。

广东省猪种比较丰富。1963年由广东省农业科学院畜牧兽医研究所编写的《广东猪种资源》中提出：广东省地方猪种分为四个类型，即广东小耳花猪、广东大耳花猪、广东小耳黑背猪和广东黑猪。具体到品种，在1982年资料调查阶段，各地提交的地方猪种（包括海南）多达67个之多，分布在47个县。猪种名目如此繁多，一个很大的原因是各地以猪种的原产地或猪苗集散地来命名，而没有从历史上去研究猪种的起源和形成，从生态条件与性状的关系去研究猪种的现状，从而造成了同一猪种的俗名较多。比如粤北的梅花猪原产于乐昌市梅花镇一带,但邻近乳源县所产的猪苗亦以梅花镇为集散地,凡从此镇买到的猪苗均被称为梅花猪;产于原惠阳地区的黑猪则被统一称为惠阳黑猪。但实际上这些猪在体型外貌、生产性能上的彼此差异还是比较大的,甚至属于不同品种。另外,化州市的中垌猪、那务猪,以及高州市的黄塘猪还有广西的陆川猪,这些猪的体型外貌、生产性能相近,血缘上也有联系,其实属于同种而异名。另外,同一品种在长时间的发展过程中,也形成了不同品系,使品种内个体间存在一定差异,比如粤东黑猪就存在饶平系和蕉岭系。

品种的确定以及品系的区分是做好地方猪种保护开发的一项最重要的基础性工作。《广东省家畜家禽品种志》把广东省现有地方猪种分为广东大花白猪、广东小耳花猪、蓝塘猪和粤东黑猪。2006年广东省开始畜禽遗传资源调查,利用先进的生产性能测定和分子生物学手段,对各品种的资源情况进行了系统整理,确认广东省目前地方猪种为以上4个品种,并将品种资料上报到国家,最终列入了《中国畜禽遗传资源志·猪志》(2011年,中国农业出版社)。同时,广东省也高度重视品种内不同品系的情况,在推进省级地方猪种资源保护工作中,对品种内的品系保护也给予了充分考虑。

三、广东省地方猪种和养猪业发展概况

广东省是我国养猪业比较发达的省份,地方猪种资源比较丰富。猪肉一直是广东省城乡居民最主要的肉食来源,相当长的时间内还是人们重要的经济来源,养猪业的发展与国民经济发展以及人民生活息息相关。新中国成立以来,以1980年为界限,广东省养猪业及地方猪种的发展大致经历了两个大的阶段。第一阶段(1980年之前)的明显特征是:由于外来品种饲养极少,地方猪种占广东省养猪业绝对主导地位,但生产和发展工作长期受政治运动影响而波动不断;第二阶段(1980年之后)的明显特征是:随着外来品种的引进和推广,地方猪种数量急剧减少,从而进入保护、利用和开发的新阶段。

1. 第一阶段:1954—1979年

1954—1957年是广东省地方猪种调查研究初期,在此之前广东省还没有人进行系统调查和选育研究。直到1954年华南农业科学研究所(广东省农业科学院前身)、广东省农业厅、华南农学院(华南农业大学前身),在广东省开展猪种调查研究,历时3年完成了《广东猪种初步调查报告》。当时,各地方猪种尚处于稳定状态,除了少数地方曾引进巴克夏猪与本地猪杂交观察,全省广大地区的猪种很少与外来猪种混杂。

随着1958年"大跃进"运动开始,广东省原种地方猪种资源及养猪生产遭到一次大的破坏。1959年提出全省实现"一人一猪,一亩一猪"的口号,盲目制定发展生猪3 000万头的规划。为了建立万头猪场,提高集体养猪比重,把私养母猪集中饲养。但由于各项养殖技术滞后,造成猪只大批死亡,猪苗严重缺乏,不得已改变由传统种猪产区提供猪苗的渠道,大力号召自繁自养,还从省外调运种猪,甚至提出"逢母必留"等口号,造成各地优良猪种开始混杂,质量严重下降,优良地方猪种资源遭到极大损失。

为了改变这种局面，从1963—1965年，广东省启动了对部分地方猪种进行选育研究的工作。1963年，广东省畜牧兽医局在全省20个著名猪苗基地成立了"种猪育种辅导站"，比如顺德大良（大花白猪）、化州中垌（中垌猪）、饶平三饶（饶平黑猪）、紫金蓝塘（蓝塘猪）、乐昌梅花（梅花猪）等。而且每个站都配备3名技术干部，负责在产区开展猪种调查、种猪鉴定和评定，选留核心群，进行生长发育测定，培训技术人员和开展猪人工授精等，为全省地方猪的选育打下了良好基础。

但20世纪60年代后，地方猪种选育工作又陷入停滞，许多成果受到更严重破坏，已建立的核心群全被宰杀或流失，已建立的档案和生产记录也散失殆尽。直到1973年全国猪育种科研协作会议和广东省地方猪种选育会议在顺德召开，部分工作又得以重新开始进行。1974年大花白猪品系选育工作在顺德顺峰山农场恢复开展，成为我国第一个进行地方猪种群体继代选育的实例。1975年开始，广东省农业主管部门、广东省农业科学院和华南农学院又对广东省地方畜禽遗传资源进行了调查和复查，于1976年汇编形成了《广东畜禽遗传资源》。接下来，随着改革开放，广东省养猪业，尤其是地方猪种选育工作终于走出了政治运动影响的阴影。

2. 第二阶段：1980年至今

随着各项工作的逐步恢复，1980年初，广东省成立了家畜家禽品种资源复查小组，历时1年多对全省畜禽资源进行了复查，尤其对各地方品种进行了合并归类。1982年，《广东省家畜家禽品种志》编辑委员会成立，猪品种志作为其中重要的内容也开始编写，随后，《广东省家畜家禽品种志》正式由广东科技出版社出版。

从这时开始，猪的杂交理念和人工授精技术得到进一步推广，用长白猪公猪或巴克夏猪公猪与本地母猪生产杂交的肉猪数量占到全省肉猪总数的70%以上。随着广三保养猪有限公司万丰猪场首次引进我国第一条万头猪场生产线，洋三元和集约化养殖也开始萌芽发展。由于洋三元猪的经济效益和市场受欢迎度远高于地方猪，在市场引导下，加上人们对地方猪资源认识不足，保种政策落实不够，地方猪的数量和良种资源品质开始急剧下降。基于此，1989年由广东省农业厅提出，经省计划委员会（现为发展和改革委员会）立项，开始建设东莞板岭猪场（后迁韶关新丰）并增设保种场，并承担大花白猪和蓝塘猪保种工作。

从20世纪90年代开始，借助改革的东风，广东省养猪业进入大发展时期，彻底走出计划经济发展模式，全面融入市场经济，进入全面发展的历史时期。不论是种猪育种、饲料营养、动物防疫、粪污处理乃至养殖理念，还是种猪销售、生猪屠宰、肉类深加工等方面皆取得了巨大进步，从产业模式到技术创新都取得了显著成效。广东由20年前养猪水平相对并不发达的省份，到20世纪末跃居到"中国养猪看广东"的领头羊地位。近年来，特别是经历2005—2006年的全国生猪生产巨大波动之后，在广东省畜牧兽医局带动和新行业政策推动下，广东省养猪业开始从数量增长型向质量增长型转变，集约规模养殖开始向生态健康养殖快速迈进。但随着经济的快速发展，市场对瘦肉数量的需求越来越大，洋三元瘦肉型猪开始广泛饲养，地方品种及土杂猪的饲养受到前所未有的冲击，数量逐年减少，品种退化也比较严重。根据调查，截至2005年，珠江三角洲地区当家品种大花白母猪已经从20世纪80年代初的44万头锐减至2万余头；蓝塘猪在20世纪80年代初仅紫金县存栏母猪就近4万头，锐减至全省不足5 000头；而粤东黑猪更是从20世纪80年代全省存栏母猪4万头锐减至不到600头，几临濒危。同时由于体制的转变，之前由政府主导支持的地方畜牧站和良种辅导站绝大部分取消或陷入生存困难的境地，所承担的一部分保种工作基本停滞，只有个别单位还在勉强维持，如兴宁和乐昌等地。

直到进入21世纪以来，人们肉食消费习惯悄然发生变化，猪肉风味越来越受到人们重视，地方猪的产品开发成为行业发展另一热点。国家和广东省对地方猪种保护工作越来越重视，扶持力度也逐渐加大。2006年，根据农业部办公厅关于《印发全国畜禽遗传资源调查实施方案的通知》（农办牧〔2006〕18号）精神，广东省在前期开展试点工作的基础上，于2006年6月开始全面实施广东省畜禽遗传资源调查，在广东省畜牧技术推广总站的具体组织和全省各地农业（畜牧）部门的努力下，于2007年基本完成全省的畜禽遗传资源调查工作，也为猪品种志的编写奠定了基础。2009年，广东省颁布《广东省畜禽遗传资源保护名录》，大花白猪、广东小耳花猪、蓝塘猪和粤东黑猪被列入保护范围。2011年，粤东黑猪两个保种场也被列入国家级保种场。在市场开发方面也呈现出良好态势，尤其是广东壹号食品股份有限公司，以广东小耳花猪为素材开发"壹号土猪"高档鲜肉，已成为全国最大的地方猪肉食品连锁企业。

2012年6月，广东省畜禽遗传资源委员会正式成立，省级地方猪种保种场保护区的建立工作正式开始推进，标志着广东省地方猪种的保护工作迈上新的台阶。

大花白猪

大花白猪（Large Black-White Pig）是广东大耳黑白花猪的统称，由分布于广东省境内各地的大花乌猪、金利猪、梅花猪、梁村猪、四保猪和坭坡猪合并，过去农户习惯以产地和集散地的名称对其进行命名，因此，俗名很多。目前大花白猪可分为三个品系，即粤北品系、粤中品系和粤东品系，自1983年统称为大花白猪。

一、一般情况

（一）中心产区及分布

大花白猪原产于广东省珠江三角洲一带，包括番禺、增城、花都、从化、南海、顺德、中山等地。现主要分布于乐昌、仁化、连平、和平、兴宁、五华、曲江、英德等40多个县（市）。大花白猪分为三个品系，即粤北品系（主要分布于乐昌、南雄和曲江等地）、粤中品系（主要分布于顺德、南海、高明等地，数量较少）和粤东品系（主要分布于兴宁、梅县、五华、和平等地）。

（二）产区自然生态条件

大花白猪各品系所处环境稍有差异。其中粤中品系产区珠江三角洲地区，属南亚热带季风雨林气候，雨量充沛，河流纵横，土地肥沃，是广东省重要的粮食和经济作物产区。喂猪的饲料以大米、米糠、甘薯为主，青绿饲料终年不断，饲草条件优越。而粤北品系和粤东品系产区属中亚热带阔叶林地带，土质较贫瘠，气温比珠江三角洲地区稍低，历史上由于粮食产量稍低，喂猪多用青粗饲料。

二、品种来源与变化

（一）品种形成

据对广州、韶关地区的古墓中发掘出来的陶猪模型研究，东汉时期（公元25—220年）当地已普遍饲养家猪，但当时饲养的是一种耳小而直立的猪。以后由于历史上战争的影响，我国中原地区人民曾两次向南大规模迁移，第一次于公元907—967年，移民经湖南到达广东的连州和曲江一带；第二次于公元1127—1279年，移民经江西的五岭隘口和大庾岭到达广东省的北部。随着移民带入的华中地区的大耳型猪种与广东本地猪杂交，逐渐育成粤北一带的大耳花猪。之后，部分移民沿北江迁居珠江三角洲地区，把粤北的大耳花猪再引入该地，并吸收了附近江西、东江等地方猪种的血统，经过长期选育，形成了近代的大花白猪。

大花白猪各品系由于所处的自然环境、经济条件及选育要求有所差异，因此各品系间的体型外貌和生产性能亦略有差异。其中粤中品系体型较大、繁殖力高，而粤北品系和粤东品系则体型较小、繁殖力稍低。

（二）群体数量和变化情况

自明末清初开始，多种经营的桑基鱼塘方式已在珠江三角洲地区逐渐形成。蚕沙喂鱼，塘泥和猪粪则用于肥桑。值得一提的是，酿酒产生的副产品酒糟也已作为饲料用于养猪，而且成为推动当地养猪生产的一个重要因素。这样养蚕、栽桑、捕鱼、酿酒、养猪五业相互促进的饲养方式，在农村迅速发展。1927年的《广东农业概况调查报告》曾介绍：顺德县（大花白猪主产地）"各墟酒米家均有养猪的习惯，最多者20余份（每份10头），住户亦间有养一、二头者，全县在2万头以上"，便是这种景象的生动写照。

大花白猪直到20世纪70年代之前仍是广东省，尤其是珠江三角洲一带的当家品种。据《中国猪品种志》记载，1979年统计，广东省有大花白猪母猪约44万头，曾是广东省数量最多的品种。自20世纪70年代末，随着国外品种公猪的引入与商品瘦肉型猪生产的快速发展，大花白猪饲养量急剧下降。2005年底，韶关、梅州等地共存栏大花白猪2万余头。

截至2006年底，广东新丰板岭原种猪场大花白猪保种群规模为公猪11头，母猪约70头。

三、品种特征和性能

（一）体型外貌特征

1. 外貌特征

大白花猪体型中等，毛色为黑白色，头部和臀部有大块黑斑，腹部和四肢白色，背腰部和体侧有大小不等、分布不均的黑块，在黑白色的交界处有一条3~6 cm的灰色带，大部分被毛稀疏。背腰较宽，背微弓，腹大。耳稍大、下垂，额部多有横行皱纹。乳房发育良好，有效乳头多数为6对。大花白猪各品系的体型稍有差异，见表1.1。

表1.1 大花白猪体型外貌特征

品系	头	毛 色	体 躯
粤中品系	头中等大小，面部多皱纹，耳大下垂	毛色为黑白花，头、耳、背部、腰部、臀部及尾根有大块黑斑，腹部、四肢为白色，黑白色交界处有3~6 cm的黑皮白毛灰色带	背腰平，腹部下垂，臀部斜尻，尾根低，四肢粗壮，体型较大
粤东品系	头大，面部多皱纹，嘴筒中等，耳大下垂	乌背型，腹部、四肢、肩胛、尾尖为白色，其余为黑色，黑白色交界处有3~6 cm的黑皮白毛灰色带	背腰凹，腹部下垂，臀部丰满，尾根高，尾粗长

（续表）

品系	头	毛 色	体 躯
粤北品系	头中等大小，嘴筒长，耳大下垂	乌背型，腹部、四肢为白色，其余为灰黑色，黑白色交界处有3~6 cm的黑皮白毛灰色带，被毛较粗长	背微凹，腹部下垂，臀部斜尻，尾根低，四肢粗壮，体质健壮

大花白猪（公）

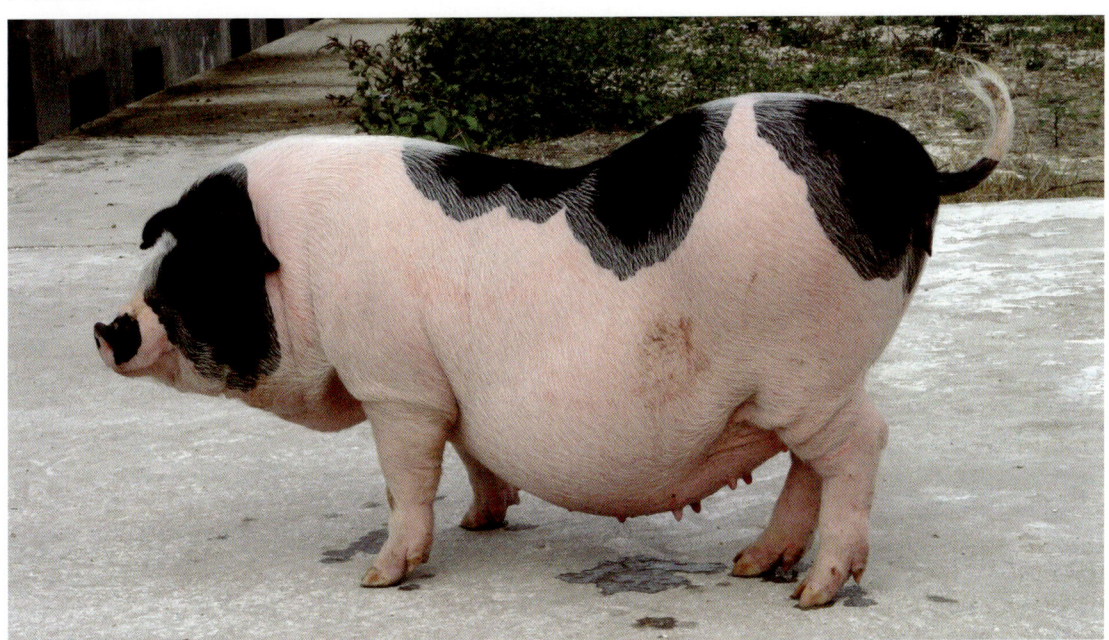

大花白猪（母）

2. 体重和体尺

由于大花白猪分布范围广，体重和体尺差异较大，2006年8月对大花白猪成年猪的体重、体尺等进行了调查，结果见表1.2。《中国猪品种志》记载，1973年测定成年公猪（9头）的平均体重为133.3 kg，成年母猪（154头）为110.8 kg。通过比较，目前的公猪体重略小。

表1.2 大花白猪成年猪体重和体尺

性别	头数	体重（kg）	体高（cm）	体长（cm）	胸围（cm）
公	12	109.4 ± 11.06	69.56 ± 1.59	123.46 ± 4.7	107.75 ± 4.18
母	71	112.06 ± 3.89	64.6 ± 0.708	126.96 ± 1.19	114.38 ± 1.59

（二）生产性能

1. 繁殖性能

大花白猪母猪初情期为90~120日龄（体重约35 kg），180~210日龄、体重45~50 kg开始配种。初产母猪总产仔数10.5头以上，产活仔数9.8头以上，21日龄窝重32 kg以上；经产母猪总产仔数13.8头以上，产活仔数13头以上，21日龄窝重41 kg以上。

大花白猪繁殖性能较好，公猪性欲旺盛，母猪发情特征明显，发情持续时间长，失配和空怀率低，母性好。据2006年8月调查，其母猪繁殖性能数据见表1.3。与《中国猪品种志》数据比较，母猪平均窝总产仔数一胎（161窝）为11.89头，二胎（139窝）为12.93头，三胎及以上胎次（718窝）为13.81头。通过比较，目前窝总产仔数略有下降。

表1.3 大花白猪母猪繁殖性能

年份	胎次	头数	总产仔数（头）	产活仔数（头）	初生个体重（kg）	21日龄个体重（kg）
2003	初产	64	10.94 ± 2.2	—	0.66 ± 0.14	3.30 ± 0.47
2003	经产	416	13.35 ± 2.7	—	0.78 ± 0.12	3.44 ± 0.69
2006	混合胎次	71	—	11.33 ± 0.23	0.62 ± 0.016	4.46 ± 0.24

注：2003年的数据引自王敬军等（2003）。

2. 育肥性能

大花白猪具有早熟易肥的特点，不同年份大花白猪育肥试验结果见表1.4。

表1.4 大花白猪育肥性能

年份	头数	始重（kg）	末重（kg）	饲养期（d）	日增重（g）	料重比
1978	30	20	90	135	518.15	4.3
2003	8	18.5 ± 3.1	72.7 ± 6.5	114	475.4 ± 93.7	3.95 ± 0.7

注：1978年的数据引自《广东省家畜家禽品种志》，2003年的数据引自王敬军等（2003）。

2008年11月，对10头平均日龄（216.4±14.9）d的大白花猪进行了屠宰测定，与20世纪80年代数据相比，瘦肉率有所提高，结果见表1.5。

表1.5 大花白猪屠宰性能

年份	头数	宰前活重（kg）	胴体重（kg）	屠宰率（%）	眼肌面积（mm²）	胴体斜长（cm）	6~7肋皮厚（mm）	6~7肋背膘厚（mm）	平均背膘厚（mm）	瘦肉率（%）	皮脂率（%）	骨率（%）
2008	10	64.84±1.52	45.47±1.36	70.13±2.82	16.32±0.75	67.5±1.02	4.4±0.3	38.5±1.7	37.3±1.4	42.8±0.94	45.68±0.8	11.52±0.41
1981	6	87.5	68.25	78	17.53	—	4.3	—	48	31.2	—	—

注：1981年的数据引自《广东省家畜家禽品种志》。

四、品种保护与研究利用

大花白猪于1986年被收录于《中国猪品种志》，1987年被收录进《广东省家畜家禽品种志》，2011年被列入《中国畜禽遗传资源志·猪志》；2006年大花白猪被列入《国家级畜禽遗传资源保护名录》，2009年被列入《广东省畜禽遗传资源保护名录》，2014年再次被列入《国家级畜禽遗传资源保护名录》。1949年后广东省有关部门曾开展了对大花白猪的选育工作。1963年广东省农业厅在全省多个地方建立了种猪育种辅导站，顺德（大花白猪）、兴宁（坭坡猪）、乐昌（梅花猪）、怀集（梁村猪）等地以辅导站为主体开展对大花白猪的种猪鉴定、选留核心群和生长发育测定工作。1974年，广东省农业科学院畜牧兽医研究所和顺德顺峰山种猪场协作，开展了对大花白猪的群体继代选育。1989年由广东省农业厅提出，广东省计划委员会立项在东莞市板岭建设广东省板岭原种猪场并增设保种场，承担大花白猪（以及蓝塘猪）的保种任务。1990年在广东省农业厅领导下，联合华南农业大学专家，从顺德、南海、江门等地搜集了3个血统89头大花白猪生产母猪，并从中选留30头母猪，保留原有公猪血统，实施保种繁育。自1995年开始，该场承担农业部种质资源保护项目，并开展对大花白猪种质的研究。2006年，板岭原种猪场从东莞迁至韶关新丰，组建新丰板岭原种猪场，并继续承担大花白猪保种任务。2008年，根据农业部公告第1058号，新丰板岭原种猪场被确定为国家级大花白猪保种场，截至2014年底，该保种场保存大花白猪血缘6个，种公猪8头，母猪132头。根据广东省农业厅2014年公告第10号，广东金珠农业科技有限公司乳源分公司被确定为广东省大花白猪（梅花猪）保种场。

纯种大花白猪生长速度慢、瘦肉率低、性状比较一致，通过与瘦肉型猪进行杂交能取得明显的杂种优势，可有效提高瘦肉率。据王敬军等（2003）试验表明，长白猪与大花白猪杂种一代，日增重583 g，比与大白猪和杜洛克猪杂交效果要好，瘦肉率为49.5%，用长白猪再进行回交，含75%长白猪血缘的级进杂交一代猪的瘦肉率可提高到56.2%。

五、品种评价

　　大花白猪是我国优良的地方猪种之一，具有适应高温多湿的环境、耐粗饲、早熟易肥、沉积脂肪能力强、肉质好、肉味鲜美、繁殖力高、发情症状明显、母猪哺乳性能好及利用年限长等优良特性，并且在肉色、肌肉 pH、系水力、大理石纹、肌内脂肪含量等方面要好于外来品种。随着人们对猪肉品质要求的提高，该品种的经济价值将会越来越大。但大花白猪也具有增重速度较慢、饲料利用率较低等不足，这些不足有待改善。今后应继续做好保种场建设、扩大种群数量、加强保种工作，同时科学开展本品种选育和杂交试验，推动种质资源的利用和开发工作。

蓝 塘 猪

蓝塘猪（Lantang Pig）又称"芙蓉猪""铁尾猪"，因中心产区在河源市紫金县蓝塘镇而得名。其具有高度耐近交、体型较小、早熟易肥、温顺易养以及对高温、潮湿适应性强等优良特性，是我国优良的地方猪种之一。

一、一般情况

（一）中心产区及分布

蓝塘猪原产于紫金县秋香江中下游两岸的蓝塘、凤安、九和一带，中心产区位于蓝塘镇。蓝塘猪分布于广东省海丰、陆丰、揭西、五华、龙川、河源、惠阳、惠东等30多个县（市）。

（二）产区自然生态条件

蓝塘猪主产区紫金县位于广东省中部，东江中游东岸，北回归线横贯县境中部，全县以山地、丘陵为主，平均海拔300 m。气候温和，年均无霜期300 d、降水量1 760 mm，适宜水稻、花生、大豆、甘蔗、蚕桑等农作物生长。

二、品种来源与变化

（一）品种形成

蓝塘猪的形成与其所处的自然地理条件、农业经济条件以及特殊的选育制度密切相关。蓝塘猪的中心产区内宜于农作物生长，一年三熟，以水稻、小麦、甘薯、花生、大豆为主，农副产品丰富，为猪种的形成提供了物质条件。在地理环境上，产区四周环山，除有一条河流通往外地，交通极不便利，因此形成了地理上的自然隔绝，当地猪群长期处于闭锁状态，种猪更新不论公母，基本上都采用"父老子继、母死女代、代代相传"的单传法。

据1978年调查，蓝塘地区的公猪先后只有8个血缘，其中3个是主要的。当时蓝塘公社的10头公猪，属于1号血统的就占到了60%。据对蓝塘镇芙蓉坝的调查，母猪的血统也很集中，其中1号血统的占72.2%，2号的占11.1%，3号的占5.56%，另有11.14%母猪的血统来源不明。以自然大队专养公猪户为例，从1961—1978年，先后共养过10头公猪，其中8头是父子相传的，1头为祖孙相传，1头有旁系亲缘关系。调查资料表明，当时使用的公猪，其近交系数高达13.28%~25%。甚至采用连续三代重复交配试验，后代的近交系数高达

43.8%，但没有出现畸形和生活力衰退的现象。

由于采用自然交配，公猪都有其一定的配种范围，更新时就从其最优秀与配母猪的后代中选留。母猪也是如此，多半是从其所生的雌性中选留后备，或者从村中被公认的优秀母猪后代中留种。经过长期自然繁育，最终形成了耐高度近交、繁殖性能好、适应性强的地方优良品种。新中国成立前，许多猪贩到蓝塘买猪，从蓝塘芙蓉坝码头下船运往惠阳和香港等地，故蓝塘猪在当时又称之为芙蓉猪。

（二）群体数量和变化情况

蓝塘猪耐粗饲、肉质好，深受养殖户和消费者欢迎，因此广为农户饲养。20世纪70~90年代初，养猪高峰期时仅紫金县的存栏母猪就达到3.8万头，年产仔60多万头，外销猪苗30多万头。进入20世纪90年代后，人们的肉食结构开始发生变化，瘦肉型猪成为人们养殖和消费的主流。随着国外品种种公猪的引入和瘦肉型猪生产的快速发展，蓝塘猪外销受阻、内销萎缩，饲养量急速下降。蓝塘镇在1985—1995年平均每年的母猪存栏数还在8 000头以上，凤安镇在1995—1998年每年的母猪存栏数达3 000多头。到了2000年后，数量又明显减少。

据2003年调查，紫金县蓝塘镇存栏蓝塘猪母猪1 800余头、公猪4头；而整个河源市存栏蓝塘猪母猪为15 000余头、公猪30余头；绝大部分为农户散养。

2006年8月板岭原种猪场保种群有蓝塘猪母猪110头、公猪12头，河源三友集团有母猪150余头、种公猪5头。原产地紫金县蓝塘镇有母猪2 000余头、公猪6头，凤安镇有母猪1 000余头、公猪1头。据估计，现存蓝塘猪纯种母猪不足5 000头、种公猪不到50头。

三、品种特征和性能

（一）体型外貌特征

1. 外貌特征

蓝塘猪体型中等，头大小适中，额有"∨∧"形褶皱，嘴筒稍扁而翘，耳小、直立、薄而尖，颈细、长短适中。体躯宽深短圆、背腰微凹、腹大、臀部丰满平直、四肢较矮。毛色比较整齐，从头到尾沿背线有宽阔黑带，并向左右延伸至体侧中部。体侧下半部、腹部和四肢为白色，整个体躯的毛色黑白各占一半，黑白分界线比较平整，接近水平直线，分界处有4~6 cm黑皮白毛的灰白带，尾端全黑色，因此也称之为"铁尾猪"。乳头排列均匀，绝大多数为5对。骨骼粗壮结实，极少出现肢蹄病，肌肉发达适中。另有一品系尾端白毛，颈部有少许带状白毛，这种品系的体型相对较大。

2. 体重和体尺

2006年对6头公猪和73头母猪进行了体重和体尺测量，结果见表1.6。据《广东省家畜家禽品种志》记载，以及王敬军等（2003）报道，从1965—2003年蓝塘猪的体重、体长和体高呈逐步升高趋势，1975—1978年期间各项指标的提高尤为明显。

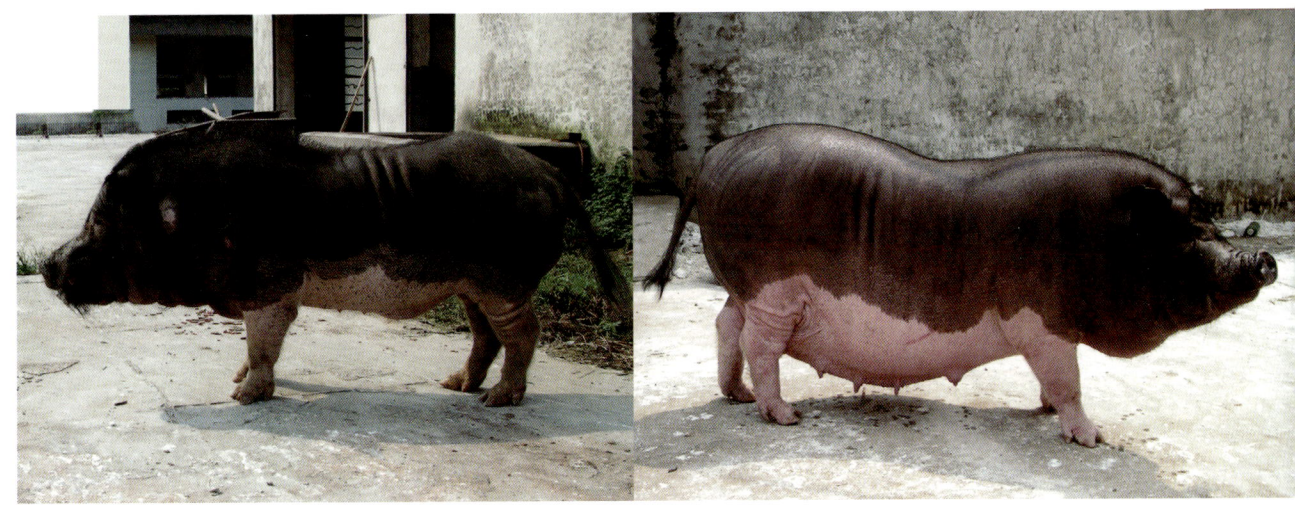

蓝塘猪（公）　　　　　　　　　　　　　蓝塘猪（母）

表1.6　蓝塘猪成年猪体重和体尺

性别	年份	头数	体重（kg）	体长（cm）	胸围（cm）	体高（cm）
公猪	1965	7	59.7	99.1	87.5	51.2
	1975	5	75.8	111.5	93.5	60.5
	1978	5	127±1.39	132.8±0.54	131.5±1.67	68±0.5
	1982	4	128±1.34	132±1.5	132.6±0.52	68±0.5
	2003	4	132.5±15.1	135.3±11.5	125±10.2	72.3±6.8
	2006	6	103.76±7.68	125.55±2.87	111.55±3.11	69.10±1.73
母猪	1965	53	59.8	101.8	89.6	48.2
	1975	120	68.2	104.4	94.1	52.5
	1978	20	85.5±1.21	102.2±0.35	106.55±1.34	56.7±0.33
	1982	15	124±1.36	126±1.14	117±0.37	63±0.38
	2003	16	109.2±11.6	121±8.3	120±6.9	60.7±3.7
	2006	73	89.96±3.04	116.33±1.04	107.07±1.44	60.74±0.73

注：1965—1978年的数据引自《广东省家畜家禽品种志》，1982年的数据来自紫金县畜牧局，2003年的数据参考王敬军等（2003）。

(二)生产性能

1. 繁殖性能

蓝塘公猪一般在5~6月龄性成熟，6~7月龄、体重约45 kg时开始配种。每头公猪年配80~200头母猪，一次配种受胎率95%以上。母猪于3~4月龄、体重30 kg左右初次发情，通常在体重45 kg、第2或第3次发情时初配；发情可持续3~5 d，一般在发情后2~4 d配种，断奶后3~7 d发情，利用年限8~10年，少数可达到13年。仔猪成活率在90%以上。通过1975—2006年多个年份的数据比较，母猪产仔数总体呈逐渐增加趋势，初生个体重却不断降低，但30日龄窝重基本保持在50 kg左右，具体见表1.7。

表1.7 蓝塘猪母猪繁殖性能

年份	窝数	总产仔数（头）	产活仔数（头）	初生个体重（kg）	30日龄窝重（kg）
1975	43（混合胎次）	10.7	10	—	42.83
1978	37（混合胎次）	9.67 ± 0.54	—	0.81 ± 0.13	49.51 ± 0.49
1982	5（混合胎次）	11.3 ± 0.42	—	0.73 ± 0.14	52.7 ± 0.62
1998	113（混合胎次）	11.8	10.83	0.66	—
2003	55（初产）	10.5 ± 1.9	9.58 ± 1.7	0.64 ± 0.14	—
2003	243（混合胎次）	12.6 ± 2.2	11.4 ± 1.9	0.64 ± 0.17	—
2006	58（混合胎次）	12.22 ± 0.27	12.13 ± 0.28	0.58 ± 0.02	49.94 ± 3.26

注：1975年的数据引自《广东省家畜家禽品种志》，1978—1982年的数据来自紫金县畜牧局，1998年的数据来自板岭原种猪场，2003年的数据引自王敬军等（2003）。

2. 育肥性能

蓝塘猪具有早熟易肥的特点。据20世纪80年代调查，在整个育肥期，体重在20 kg以下时，增重较慢；体重在25~68 kg期间增重较快，平均日增重为397 g；体重达70 kg之后，绝对增重和相对生长明显减慢，且脂肪沉积加快，饲料利用率下降。

近30年来，蓝塘猪日增重、瘦肉率分别提高了8.81%和11.9%，料重比降低了23.11%，这其中有饲养管理与营养水平改变的因素。1978年蓝塘猪育肥试验的营养水平为每千克饲料消化能为11.71 MJ、粗蛋白为90 g。2003年板岭原种猪场的试验，每千克饲料消化能为11.72 MJ，粗蛋白则提高到了150 g。2003年与1978年数据比较，日增重明显提高，料重比明显降低，见表1.8。

表1.8 蓝塘猪育肥性能

年份	头数	始重（kg）	末重（kg）	饲养期（d）	日增重（g）	料重比
1978	22	8.39	68.03	150	397	5.007
2003	11	16.8 ± 2.24	66.0 ± 7.3	114	432 ± 87.5	3.85 ± 0.41

注：1978年的数据引自《广东省家畜家禽品种志》，2003年的数据引自王敬军等（2003）。

2008年11月对10头平均日龄（198.7±5.3）d、宰前活重平均53.6 kg的蓝塘猪进行了屠宰性能测定，平均肋骨数为 13.9±0.32 对，瘦肉率同 1980 年相比提高显著，见表 1.9。

表 1.9　蓝塘猪屠宰性能

年份	头数	宰前活重（kg）	胴体重（kg）	屠宰率（%）	胴体斜长（cm）	眼肌面积（mm²）	6~7肋骨皮厚（mm）	6~7肋骨膘厚（mm）	平均背膘厚（mm）	瘦肉率（%）	皮脂率（%）	骨率（%）
2008	10	53.6±4.07	36.24±3.05	67.61±1.82	61.3±1.83	15.29±1.67	3.7±0.5	27.2±4.5	28.2±2.4	45.19±2.11	41.78±2.37	13.03±1.5
1980	2	71.12	46.54	65.44	—	19.53	—	—	52.7	35.22	57.64	7.14

注：1980 年的数据引自《广东省家畜家禽品种志》。

四、品种保护与研究利用

蓝塘猪于 1986 年被收录于《中国猪品种志》，1987 年被收录进《广东省家畜家禽品种志》，2011 年被列入《中国畜禽遗传资源志·猪志》；2006 年蓝塘猪被列入《国家级畜禽遗传资源保护名录》，2009 年被列入《广东省禽畜遗传资源保护名录》，2014 年再次被列入《国家级畜禽遗传资源保护名录》。1963 年广东省农业厅在全省多个地方建立了种猪育种辅导站，紫金县蓝塘镇也成立了相关辅导站开展蓝塘猪的种猪鉴定、选留核心群和生长发育测定工作。1989 年由广东省农业厅提出，广东省计划委员会立项在东莞市板岭建设广东省板岭原种猪场并增设保种场，承担蓝塘猪（以及大花白猪）的保种任务。该场从中心产区引入 6 个血统共 62 头蓝塘猪建立了保种核心群，采取继代选留、自然淘汰、延长世代间隔等技术措施，根据血统选留后备猪，保留不同血统公猪，降低近交系数，使场内现存所有血统都得到了保护，并进行场外指导、保证产区保持一定数量的母猪群体。2006 年，板岭原种猪场从东莞迁至韶关新丰，组建新丰板岭原种猪场，并继续承担蓝塘猪保种任务。2008 年，根据农业部公告第 1058 号，新丰板岭原种猪场被确定为国家级蓝塘猪保种场，截至 2014 年底，该保种场保存蓝塘猪血缘 9 个，种公猪 10 头，母猪 127 头。同时，河源市农业局积极引导龙头企业从原产地收集蓝塘猪，开展保种和开发利用工作。根据广东省农业厅公告 2017 年第 12 号，紫金东瑞农牧发展有限公司被确定为广东省蓝塘猪保种场。

蓝塘猪种是一个高度耐近交的品种，在平均近交系数高达 0.2598 的情况下，其品种特征、母猪繁殖力、仔猪初生重以及成活率未发现不良反应，不会因为近交而出现品种衰退现象。通过培育蓝塘猪近交系与长白猪进行杂交可以最大限度地提高商品猪的生长速度、饲料转化率及胴体瘦肉率，充分利用杂种优势。与蓝塘猪相比，F1 代在日增重、料肉比及瘦肉率方面均有较大的改善，见表 1.10。

表1.10 长白猪（♂）×蓝塘猪（♀）杂交生产性能

年份	头数	始重（kg）	末重（kg）	饲养期（d）	日增重（g）	料重比	背膘厚（mm）	眼肌面积（mm²）	瘦肉率(%)
1978	22	14.±0.38	89.5±0.44	137	550	3.12	4.5	14.02	39.48%
1980	9	22.44	82.44	94	638±48	4.03	4.04	—	39.48%
2003	10	22.2±2.71	88.5±8.95	117	566±39.3	3.36	2.5	17.30	46.27%

注：1978年的数据来自紫金县畜牧局，1980年的数据引自《广东省家畜家禽品种志》，2003年的数据引自王敬军等（2003）。

五、品种评价

蓝塘猪早熟易肥、肉质鲜美、温顺易养，对高温、潮湿环境的适应性强，杂交配合力好，与一些外来猪种杂交，有显著的杂种优势。虽具有高度耐近交的特性，但繁殖性能不够理想，胴体脂肪含量较高。今后必须有计划地加强保种工作，重点办好保种场，保护现有公猪血统的同时，科学进行选育提高。同时有计划地开展杂交利用和产品开发工作，以利用促保种。

粤 东 黑 猪

粤东黑猪（Yuedong Black Pig）由惠阳黑猪、蕉岭黑猪和饶平黑猪归并，1983 年始统称为粤东黑猪。

一、一般情况

（一）中心产区及分布

粤东黑猪中心产区主要在梅州市蕉岭和潮州市饶平。粤东黑猪分为 3 个地方类群，其中饶平系分布在饶平、澄海和惠来等地，蕉岭系主要分布在蕉岭等地，惠阳系主要分布在惠阳、惠东和博罗等地。

（二）产区自然生态条件

粤东黑猪产区主要位于粤东丘陵地带和山区，属亚热带海洋性季风气候，气候温暖，光照充足，年平均气温 21.4℃，无霜期长，全年平均霜日 5~13 d。雨量充沛，年降水量 1 400~1 800 mm。农作物基本上一年三熟，主要有水稻、甘薯、花生、大豆、玉米、黄麻等，多作物进行复种、间种和套种，农副产品丰富，为粤东黑猪的饲养提供了有利条件。而且坡地较多，适于放养。

二、品种来源与变化

（一）品种形成

关于粤东黑猪的形成历史，尚未找到确切的资料记载。但从广东省出土的古代陶猪形象进行推断，以及从当地群众的反映情况来看，粤东黑猪应是一个很古老的猪种，其形成与当地的自然条件及农业生产的特点有密切的关系。长期的环境适应最终形成了粤东黑猪耐粗饲、温驯、繁殖力强、哺育率高、母猪使用年限长、配合力好的优良特性。

养猪曾是粤东一带的主要家庭副业，同时由于惠阳等地靠近香港、澳门，历史上群众有养母猪生产乳猪的习惯，内销的同时兼顾出口。20 世纪 70~90 年代曾大量销往香港等地，一度成为香港烤乳猪市场的名牌产品，早在 1954 年仅从惠阳淡水出口到香港的乳猪就达到 10 万头之多。一定程度上，在适应市场需求过程中，逐渐形成了体型大小中等、肌肉丰满、肉质结实、皮薄骨细、腩小色润的烤乳猪用猪种。

(二)群体数量和变化情况

20世纪80年代初调查时全省有粤东黑猪母猪约4万头，并以潮州市的饶平黑猪最多。2000年之后，纯种粤东黑猪的饲养量已非常少。到2005年，据饶平县畜牧局了解，该县目前只有500~600头饶平黑猪母猪。惠州市畜牧局则报告，当地的惠阳黑猪数量已很少，只有极少数偏僻山区的农户有零散饲养。2005—2006年受疫病影响，养殖效益下降，供香港市场又未形成规模，存栏量下降更加明显。

据潮州市、梅州市畜牧局2006年调查，梅州市有粤东黑猪6 000多头，其中蕉岭县有4 000多头；饶平县的潮州市绿岛生态农业有限公司有粤东黑猪200头，另外农户饲养100头左右。

三、品种特征和性能

(一)体型外貌特征

1. 外貌特征

粤东黑猪头清秀、大小适中、额宽平，仅少数有倒八字或菱形皱褶、耳较小而斜竖，嘴筒稍长而较尖，下颌狭窄，当地群众称之为"禾虾头"，无獠牙。体躯略呈长方形，背腰微凹，腹部稍大但不拖地，臀部较平直。四肢有力、长短适中，后腿肌肉较丰满，尾长不过飞节。皮薄，被毛黑色，部分猪的腕关节和跗关节以下为灰白色。乳头6对左右。

2. 体重和体尺

2006年潮州市、梅州市畜牧局对成年粤东黑猪进行了体重和体尺测量，与1975年数据相比，体型变大，疑已混入外血，见表1.11。

表1.11 粤东黑猪体重和体尺

年份	性别	月龄	头数	体重（kg）	体长（cm）	胸围（cm）	体高（cm）
1975	公	22~48	6	74.98	115.3	98.83	63.08
		12~18	5	41.05	93	80.6	53.9
		5~10	3	15.19	65.33	58	38.33
2006		成年	4	—	123.45±5.74	118.8±14	66.27±3.59
1975	母	3~10岁	23	63.13	108	94.26	55.7
		1~2岁	11	38.37	87.6	81.5	50.7
		6~11	89	35.9	85.16	29.66	46.85
2006		成年	44	—	134.37±2.27	126.02±1.9	68.02±1.48

注：1975年的数据引自《广东省家畜家禽品种志》。

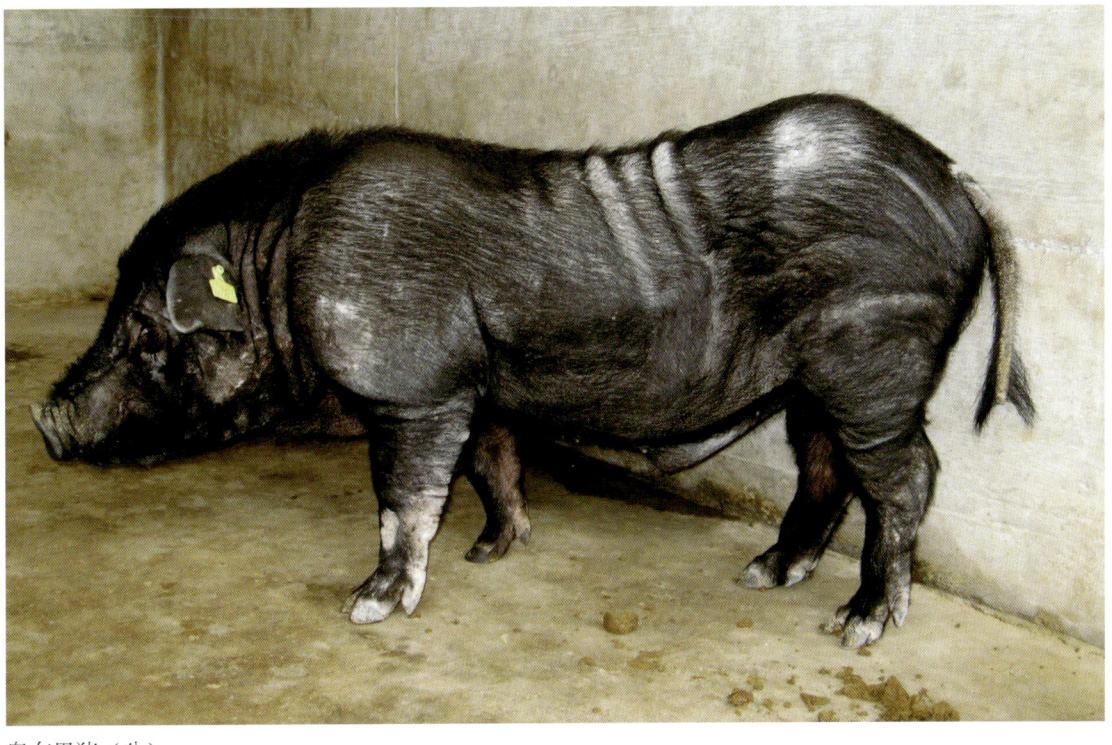

粤东黑猪(公)

粤东黑猪(母)

（二）生产性能

1. 繁殖性能

粤东黑猪性成熟早。公猪最早5~7月龄、大多数8~10月龄开始配种，利用年限为5~6年。母猪普遍于3~4月龄、体重30 kg左右初次发情，6~8月龄、体重40~50 kg开始配种。使用年限8~10年，个别达17年。仔猪成活率基本在90%以上。30多年来粤东黑猪的繁殖性能数据变化不大，见表1.12。

表1.12　粤东黑猪母猪繁殖性能

年份	窝数	总产仔数（头）	产活仔数（头）	60日龄仔猪成活率（%）	初生个体重（kg）	60日龄断奶窝重（kg）
1975	18（初产）	10.2	10	96.1	—	82.01
	53（经产）	11.5	11.4	87.9	—	86.8
2006	52	11.8±0.2	11.30±0.7	98	0.50±0.8	—

注：1975年的数据引自《广东省家畜家禽品种志》。

2. 育肥性能

粤东黑猪具有皮薄、肉质鲜美的特点，但其生长速度慢、饲料利用率低，适合于舍饲和放牧饲养。据1965年、1975年在惠阳县的调查，粤东黑猪的日增重为230~250 g，见表1.13。

表1.13　粤东黑猪育肥性能

年份	头数	始重（kg）	末重（kg）	饲养期（d）	日增重（g）
1965	10	6.08	20.8	58.2	253
	11	6.3	43.62	155.6	240
1975	8	11.65	59.36	210	227
	54	8.0	59.4	205	251

注：1965年、1975年的数据引自《广东省家畜家禽品种志》。

2008年潮州市绿岛生态农业有限公司对粤东黑猪进行了屠宰性能测定，6~7肋背膘厚为（27.06±2.42）mm、平均背膘厚为（25.9±2.99）mm、皮厚为（3.94±0.3）mm、眼肌面积为（29.54±0.98）mm^2、后腿比例为30.16%±1.47%。与1965年的胴体性能比较，瘦肉率有较大的差异，疑已混入外血，见表1.14。

表1.14　粤东黑猪屠宰性能

年份	头数	宰前活重（kg）	胴体重（kg）	屠宰率（%）	瘦肉率（%）
1965	7	74.15	47.91	64.67	43.16
2008	3	83	57.16	68.87	54.06

注：1965年的数据引自《广东省家畜家禽品种志》。

四、品种保护与研究利用

粤东黑猪于1986年被收录于《中国猪品种志》，1987年被收录进《广东省家畜家禽品种志》，2011年被收录入《中国畜禽遗传资源志·猪志》；2006年粤东黑猪被列入《国家级畜禽遗传资源保护名录》，2009年被列入《广东省禽畜遗传资源保护名录》，2014年再次被列入《国家级畜禽遗传资源保护名录》。1963年广东省农业厅在全省多个地方建立了种猪育种辅导站，惠阳的淡水以及饶平的三饶分别成立了辅导站开展粤东黑猪的种猪鉴定、选留核心群和生长发育测定工作。自1965年开始，就引入巴克夏猪、约克夏猪、长白猪等公猪与粤东黑猪母猪进行杂交，近年来又引进杜洛克猪与粤东黑猪杂交，杂种猪毛色全黑，瘦肉率有明显提高。但从20世纪90年代起，由于当地农户纷纷改养杂种猪和外种猪，致使粤东黑猪品种逐年退化，饲养量同时锐减。以饶平黑猪为例，在20世纪70~80年代初，饶平年饲养黑猪4万多头，但到2006年只剩数百头。2003年，潮州市绿岛生态农业有限公司开始进行粤东黑猪（饶平系）的保种和开发利用工作。2011年，根据农业部公告第1587号，潮州市绿岛生态农业有限公司和蕉岭县泰农黑猪发展有限公司分别被确定为国家级粤东黑猪保种场，分别承担粤东黑猪饶平系和蕉岭系的保种工作。

产区自1965年开始，就引入巴克夏猪、约克夏猪、长白猪等公猪与粤东黑猪母猪进行杂交，近年来又引进杜洛克猪与粤东黑猪杂交，杂种猪毛色全黑，瘦肉率有明显提高。

五、品种评价

粤东黑猪是广东省粤东地区的古老地方品种，具有肉质鲜美、耐粗饲、母性好等特性。历史上曾以出口乳猪而声誉良好。今后应加强保种工作，扩大种群数量，同时有计划地做好杂交组合试验，选育杂交优势好的组合，进行推广应用。

广东小耳花猪

广东小耳花猪（Guangdong Small-ear Spotted Pig）属于华南型猪种，1983年将广东省境内的沙琅猪、黄塘猪、塘缀猪、中垌猪、桂墟猪、罗境猪、新兴猪和流沙猪统称为广东小耳花猪。1986年的《中国猪品种志》将其与广西的小耳花猪合并，统称为两广小花猪。2011年《中国畜禽遗传资源志·猪志》将其定为两广小花猪品种的3个类群之一，是广东省目前饲养量最大的地方猪种。

一、一般情况

（一）中心产区及分布

小耳花猪原产于广东省西江以南和粤西一带，中心产区在茂名市的电白、高州、化州等地，在吴川、遂溪、信宜、郁南、罗定、德庆等30多个县（市）也都有较多分布。

（二）产区自然生态条件

小耳花猪主产区在茂名市，其中部以海拔200~500 m的丘陵和河谷盆地、阶地为主，其西南部为海拔50 m左右的台地，南部则是海拔20 m以下的滨海冲积、沉积平原。属南亚热带、北热带湿润气候，热量丰富，光照充足，雨量充沛，年降水量1 500~1 800 mm，农业可开发利用的土地面积较大，除极少数荒山秃岭外，绝大部分土地适用于发展种养业。

二、品种来源与变化

（一）品种形成

一般认为，小耳花猪是由华南野猪驯化而来。从小耳花猪的外貌来看，与广东省出土的2 000年前汉墓的陶猪形象非常相似，具有华南型猪耳小直立，体型短、矮、宽、圆的特点。根据《高州府志》关于汉唐时代的记述，当时"猪亦曰花猪，农家养之，广肇商人，贩以取利"，可以推知该猪饲养历史悠久，早在2 000多年前已逐渐形成，并已为当地人们广为饲养。猪种的具体形成与其所处的自然地理条件、农业经济条件以及当时传统的选育制度密切相关。历史上当地的交通极不便利，猪群长期处于闭锁状态，多半是根据外表体型，结合双亲的生产情况选留后代。

从饲喂方式上，人们素有用米糠、甘薯、大米等作为原料煮熟后喂猪的习惯，饲料中普遍缺乏蛋白质和矿物质。在这样的条件影响下，加上长期的人工选择，小耳花猪逐渐形成了体躯矮小、腹大背凹、骨骼纤细和早熟易肥的特点。小耳花猪耐粗饲，传统上人们把剩粥、洗米水、麦麸、米糠或其他饲料随机搭配成稀料饲喂。另外，在栏舍小、运动场所欠缺、光照少、卫生条件差的情况下，小耳花猪也能适应并健康繁殖。

（二）群体数量和变化情况

据1979年调查，当时广东省小耳花猪的存栏母猪数达41万头。改革开放以来，由于外来品种的引进和推广，生产力水平较低的小耳花猪的饲养受到一定影响，到1999年纯种母猪的存栏仅为20年前的1/10。之后，随着烤乳猪的盛行，小耳花猪的饲养量又有所回升。2005年底，仅茂名市饲养的小耳花猪就达到58万头。高州市2007年小耳花猪母猪存栏量达2.9万头，其中4 000头左右用于纯繁，其余大部分用于杂交繁育二元杂商品猪。电白县2007年小耳花猪母猪发展到5万头，观珠镇和沙琅镇等山区有约80%的农户饲养该品种母猪。虽然由于2005年下半年猪价下跌幅度大，散养户与各猪场均减少了母猪存栏，饲养量有所下降。但随着养猪生产的逐步恢复，特别是多家企业以小耳花猪为素材开发高档猪肉，更直接带动了小耳花猪的饲养规模的逐步恢复和扩大，成为广东省目前饲养量最大的地方猪种。

三、品种特征和性能

（一）体型外貌特征

1. 外貌特征

小耳花猪体型和头型都较小，被毛为黑白花，除头、耳、背、腰、臀为黑色外，其余部位为白色。黑白色交界处有2~5 cm的黑皮白毛灰色带。极少数颈肩部为黑色，脸部为白色，部分腰部有皱褶。具有头短、耳短、颈短、身短、脚短和尾短的"六短"特征。额宽，有"<>"形皱纹，中间有三角形白斑，耳小向外平伸。背腰宽广凹下，腹大拖地，体长与胸围几乎相等。乳头数多为7对、排列整齐。四肢较细，尾根较高，皮薄而软、肌肉松弛、大多数为卧系，臀部比较丰满。

2. 体重和体尺

2006年对小耳花猪进行了体重和体尺测量，与1980年数据相比，体重和体尺较小，可能是2006年测定猪的年龄较小所致，见表1.15。

表1.15 小耳花猪成年猪体重和体尺

年份	性别	月龄	头数	体重（kg）	体长（cm）	胸围（cm）	体高（cm）
1980	公	成年	11	103.2	117.7	115.4	60.1
2006	公	12~13	8	35.94±8.84	88.2±6.86	78.7±8.45	46.0±3.39

（续表）

年份	性别	月龄	头数	体重（kg）	体长（cm）	胸围（cm）	体高（cm）
1980	母	成年	89	81	103	105.4	49.8
2006	母	27~28	36	69.5±4.17	108.5±2.22	98.6±1.82	52.2±0.95

注：1980年的数据引自《广东省家畜家禽品种志》。

广东小耳花猪（公）

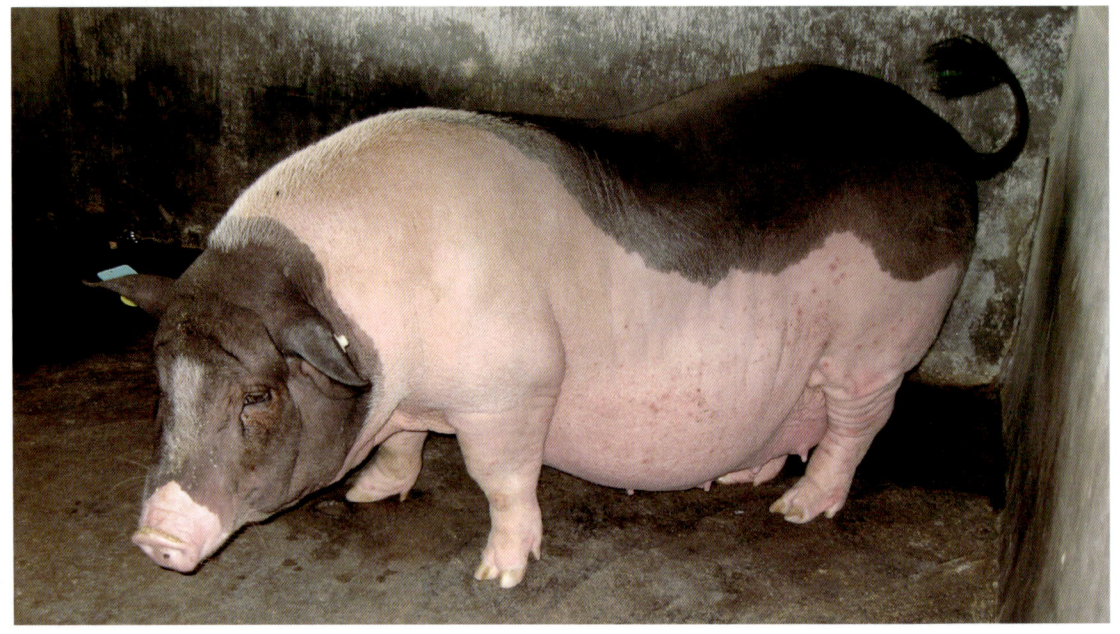

广东小耳花猪（母）

（二）生产性能

1. 繁殖性能

小耳花猪性成熟较早。种公猪一般到 2 月龄开始有性行为，一般在 3~4 月龄、体重 30 kg 左右开始配种，利用年限 4~5 年。母猪 4~5 月龄、体重不到 30 kg 开始初次发情，大多在 6~7 月龄、体重 40 kg 以上开始配种，使用年限 5~8 年，有的达 10~12 年，个别达 14 年。母猪乳头数多为 14 个，少数有 12 个或 16 个。

据 1980 年高州县对当地农村饲养小耳花猪的调查，母猪平均窝总产仔数头胎（75 窝）8.2 头，二胎（56 窝）8.7 头，三胎及三胎以上（323 窝）10.6 头，高产的可达 20 头。由于小耳花猪分布广，各地饲养水平差异较大，与配公猪品质也存在差别，因此产仔数的差异也较大。按照《广东省家畜家禽品种志》总结，初产母猪产仔数一般为 8~9 头，经产母猪一般为 10~12 头。

2009 年由电白县对当地小耳花猪的调查，其繁殖性能数据见表 1.16，与 1980 年比较窝总产仔数有所提高。

表 1.16　小耳花猪母猪繁殖性能

窝数	总产仔数（头）	产活仔数（头）	初生个体重（kg）	乳头数（个）
79（初产）	10.72±2.4	9.78±2.15	0.62±0.14	12.95±1.04
87（经产）	12.13±2.31	10.85±2.39	0.66±0.14	13.02±1.05

2. 育肥性能

据《中国猪品种志》记载，小耳花猪（12 头）日增重为 399 g。1978 年华南农学院对 75~90 kg 桂墟猪的肌肉品质进行测定，眼肌面积为 26.3 mm^2，肌纤维直径为 58.89 μm。2008 年 11 月，农业部种猪质量监督检验测试中心（广州）对 10 头平均日龄（169±9.5）d 的小耳花猪进行了屠宰性能测定，瘦肉率与 1980 年数据比较有所提高，见表 1.17。

表 1.17　小耳花猪屠宰性能

年份	头数	宰前活重（kg）	胴体重（kg）	屠宰率（%）	眼肌面积（mm^2）	胴体斜长（cm）	6~7 肋皮厚（mm）	6~7 肋背膘厚（mm）	平均背膘厚（mm）	瘦肉率（%）	皮脂率（%）	骨率（%）
2008	10	61.46±11.22	40.02±8.72	65.12±8.18	16.35±3.2	65.1±6.28	5.28±1.2	32.74±3.95	29.96±3.54	42.93±3.22	41.68±3.25	15.40±1.3
1980	26	77.39	54.28	70.14	15.27	66.6	4.5	—	45.6	32	60.99	5.62

注：1980 年的数据引自《广东省家畜家禽品种志》。

四、品种保护与研究利用

小耳花猪于1987年被收录进《广东省家畜家禽品种志》，2011年被收录入《中国畜禽遗传资源志·猪志》，2009年被列入《广东省畜禽遗传资源保护名录》。1963年广东省农业厅在全省多个地方建立了种猪育种辅导站开展对小耳花猪的种猪鉴定、选留核心群和生长发育测定工作，包括化州的中垌猪育种辅导站、吴川的塘缀猪育种辅导站、郁南的桂墟猪育种辅导站、普宁的流沙猪育种辅导站和新兴的新兴猪育种辅导站等。电白县政府早年把沙琅镇定为小耳花猪保种区，建立了生猪配种站，存栏纯种小耳花猪良种公猪60头，负责全镇的小耳花猪母猪配种，以加强本品种选育和提纯复壮；同时对全镇所有母猪进行等级评定登记。根据广东省农业厅公告2014年第10号，高州市永恒黄塘猪繁殖有限公司被确定为广东省小耳花猪（黄塘猪）保种场。

小耳花猪具有显著的杂种优势。其与杜洛克猪、长白猪等瘦肉型公猪杂交，杂交一代的个体明显大于母本，体型外貌改变了母猪身短、腹部下垂、脚短等不足，在屠宰率和瘦肉率提升的同时，肉质保持了母本皮薄肉嫩的特点，味道同样鲜美可口。另外，杂交一代仔猪的初生重和断奶重均有所增加。目前，杂交猪种80%以上为长白猪杂交后代，少部分为杜洛克猪杂交后代，杜洛克猪主要用于杂交商品猪生产。

五、品种评价

小耳花猪具有早熟易肥、皮薄肉嫩、肉味鲜美、性情温顺、耐粗饲等优良特性，是杂交利用的理想母本。母猪引入瘦肉型猪公猪杂交，其后代能较好保留父母品种的优良特性，表现出较强适应性和较高生产性能。但其也有生长慢、饲料利用率低、背部凹陷、腹大拖地等缺点。今后应在加强品种保护的过程中，采取本品种选育与杂交利用相结合的方法，改变饲养方式，在保持其优良种质特性的同时，提高其生长发育速度和瘦肉率。

概　述

一、广东省养牛业概况

20世纪90年代以前，广东养牛业以役用为主，肉用为辅，近年来，随着农业机械的广泛使用，除少数偏远地区仍保留少量役用牛外，养牛业已逐渐转向肉用。2010年全省黄牛、水牛存栏量223.82万头，出售和自宰肉用牛53.48万头，牛肉产量为6.27万t。按城镇人口每人年均消费5 kg牛肉计算，全省年消费牛肉约34.5万t，远远大于全省牛肉生产量，需要从省外或国外调入大量牛肉以满足市场需求。如2010年，全省进口冻牛肉1 098 t。广东省一直是我国牛肉进口的大省，进口数量排名全国首位。总的来说，广东省是肉牛生产水平相对较低的省份。

广东省肉牛养殖历史悠久，但发展极不稳定。解放初期，政府的一系列保护耕牛的政策使耕牛得到较快发展，但20世纪60~70年代，受"文化大革命"的影响，农业生产受阻，耕牛的养殖数量显著下降，直到20世纪80年代后，国家和省政府一系列政策的实施，再次激发了人们养牛的热情，耕牛存栏量从1949年的220万头猛增到1982年的458万头（其中黄牛168万头）。由于土壤结构和农业生产体制的影响，水牛更适应当时的发展状况，因此，广东省耕牛数量中水牛的发展速度比黄牛更快一些。20世纪80年代，广东省的农业承包责任制落实到户、到人。每户承包的土地面积不多，用黄牛亦可胜任耕作，从20世纪80年代起，黄牛又重新快速发展。在党和政府的政策激励和市场调节的双重作用下，广东省肉牛业有了一段快速发展阶段，养牛数量增多，肉牛产量也大幅度提高，到2006年肉牛产量达到了7.34万t，是1980年的13.35倍。近几年，因政策导向、养殖水平等各方面因素的影响，肉牛存栏量有所下降。2013年因肉牛价格坚挺，广大养殖户跃跃欲试，养牛积极性极高，广东省又出现一个新的养牛高峰。

受自然气候条件和地理条件等因素的影响，广东省肉牛养殖业主要集中在粤西（45%）、粤东（21%）和各山区市县（27%），珠江三角洲地区仅占7%左右。湛江肉牛养殖优势明显。2010年，湛江市肉牛存栏量30.17万头，其中，能繁母牛6.75万头、犊牛2.91万头；当年出售和自宰肉用牛13.87万头，牛肉产量17 011 t，以绝对优势位居全省肉牛养殖榜首。

广东省肉牛产业化程度较低，肉牛养殖仍然以农户散养为主，同时缺少规模较大、带动能力强的肉牛养殖和加工企业。2008年，年出栏数1 000头以上的养殖场仅1家，年出栏数100~499头的24家，年出栏数50~99头的107家，年出栏数10~49头的1 879家，还有26.41万家年出栏在9头以下。

广东省牛肉产量占全国牛肉总产量的比例很低，如 2007 年仅为 0.67%，在畜牧业中属弱势产业，而广东省饲草资源丰富，具有养殖肉牛的诸多有利条件，政府应加大扶持力度，加快广东省肉牛业的发展。

近年来，一些养殖户也尝试从山东等地引进大型肉牛——西门塔尔牛及其杂交种进行饲养，但95%以上的养殖户以失败告终。其中最大的问题是引进的品种不适应本地的气候环境，发病率和死亡率较高。尽管如此，坚挺的肉牛价格，仍吸引着广大养殖户跃跃欲试。如何引导广大养殖户走好今后的养牛之路，对今后广东省养牛业的发展至关重要。

二、广东省牛种的起源与驯化

世界上所有驯化的牛皆起源于原牛（*Bos primigenius*）。原牛的传播从太平洋西海岸经亚洲、欧洲到达大西洋东部沿海地区，从北极冻带向南到印度和北非。原牛经过长期的繁衍和迁移之后，逐渐形成了 3 个地方变种：亚洲变种，包括亚洲原牛（*B. p. namadicus*）和瘤原牛（*B. p. indicus*）；欧洲变种，即欧洲原牛（*B. p. primigenius*）；还有非洲变种，即非洲原牛（*B. p. opisthonmus*）。

根据考古资料、历史记载资料及现代生物化学与分子生物学研究资料等综合分析证实，中国黄牛的起源主要有两种血统来源，一是原牛的亚洲变种（现代普通牛的始祖），另一是瘤原牛，其次还有少量爪哇牛和牦牛血统的影响。

雷琼黄牛是广东省的当家品种，学术界对于雷琼黄牛的起源意见不一。有些学者认为雷琼黄牛可能起源于印度瘤牛（*Bos indicus*），另有专家学者认为雷琼黄牛可能起源于与印度瘤牛不同的其他肩峰牛的祖先，同时混有一定的爪哇牛（*Bos javanicus*）血缘，并推断海南可能是世界的一个牛属的发源地之一。

根据晋·张勃《吴录地理志》载："合浦郡徐闻县多牛，其顶上有突骨，大如履斗，日行三百里。"晋·郭璞《尔雅注》亦有类似记载。近年徐闻汉墓出土的西汉陶牛和广州沙河的东汉陶牛模型，均与现代雷琼黄牛十分相似，说明 2 000 多年前雷州半岛地区已驯化这一品种。清·范端昂《粤中见闻》也有记载："雷州有金牛（黄牛），常百十成群。"陈幼春根据血液蛋白位点和 Y 染色体特征，辅以体态、毛色特征及史料的考证，认为雷琼黄牛可能起源于瘤牛。常洪等以 Cytb 基因单倍型序列构建的系统发育树表明，雷琼黄牛 3 个地域群 Cytb 基因所有的单倍型都与瘤牛聚为一类，从母系遗传的角度确认雷琼黄牛起源于瘤牛，同时证实，单一的瘤牛母缘血统不支持雷琼黄牛群体中含有爪哇牛或者巴厘牛血缘的观点；Cytb 基因单倍型间的进化网络关系分析发现，雷琼黄牛与亚洲其他地区的瘤牛共享一个进化支，表明它们可能是在不同的地点由野生的瘤原牛独立驯化而来的，进一步推论中国南方某些地区在史前也应该是一个独立的瘤原牛驯化中心。至此，关于雷琼黄牛的起源得以确认，雷琼黄牛起源于瘤牛。陆丰黄牛史料记载极少，研究也很少。

三、广东省发展养牛的意见和建议

广东省有良好的生态环境，无霜期长，农作物和自然植被资源丰富，人工种植牧草生长周期长，产量高，非常适宜肉牛产业的发展。但目前广东省牛群数量和质量均未能适应农业经济的发展和人民生活的需要，因此建议：

1. 制订相关政策

出台产业政策，推动肉牛产业的规模化、集约化发展。肉牛繁育周期长、资金占用时间长，一家一户的传统养殖模式在资金、技术、产品销售等方面均难以适应市场需求。通过政府财政资金的引导，有利于促进肉牛产业的规模化和集约化发展，实现饲草生产、肉牛养殖、疾病防治、屠宰加工与产品销售的协调发展。目前，政府可通过土地出让、税费减免、低息贷款等方式推动养殖户扩大养殖规模，有条件的地区，可利用龙头企业的示范带动效应，建设肉牛养殖小区，同时积极稳妥地培育若干大型肉牛屠宰加工企业，引导各地农户组织专业化生产。

2. 加大扶持力度

保护基础母牛，促进产业持续稳定发展。基础母牛供应不足是制约广东省肉牛养殖业发展的关键。省政府应吸取生猪和良种奶牛补贴的经验，对能繁母牛和犊牛进行政策性补贴，特别是对规模化肉牛养殖场，要在资金、信贷、保险等方面给予优惠，切实保护能繁母牛养殖户的利益，稳定肉牛生产。

3. 加大开发力度

加大对地方牛品种的保护与开发力度，加速广东省地方黄牛品种改良。在核心区建设若干保种场，加强雷琼黄牛的本品种选育和提高，同时在保持雷琼黄牛种质资源特性的前提下，积极稳妥地探索具有自主知识产权的经济杂交模式，加强对杂交一代母牛的选留和保护力度，不断巩固改良效果。

4. 加强开发利用

加强饲草饲料资源的开发利用，促进养殖方式转变，提高肉牛生产专业化水平。饲草饲料是制约肉牛规模养殖的重要因素，传统肉牛养殖中因规模小，天然杂草和农作物副产物基本满足了养殖需要，缺乏优质牧草生产的理念和意识。因此，有必要组织专门力量研究优质牧草品种的筛选、种植和加工技术，因地制宜发展牧草的加工贮藏，大力扶持肉牛养殖场建设饲料青贮设施或购置青贮设备，积极引导肉牛养殖适度规模经营，提高肉牛生产的专业化水平。

5. 加强技术培训

加强基层技术员和农民的技术培训。在稳定市、县、乡（镇）品种改良站专业技术队伍的同时，加强对基层技术人员和肉牛养殖户的技术培训，使之熟练掌握人工授精、优质牧草种植、饲草加工储藏、肉牛疫病防治及标准化生产等技术，进一步提高肉牛养殖的经济效益。

6. 加强技术创新和推广

加大肉牛产业科技创新和实用先进技术的推广。通过校企联合和产学研紧密结合，加大对肉牛良种选育扩繁、高效育肥、饲草料生产调制、屠宰加工与质量监测溯源等技术的研发与推广，对养殖户和加工企业在生产实际中遇到的问题要针对性地进行科技攻关，并将相关技术组装成套，通过科技下乡和科技入户等方式迅速加以推广，提高肉牛养殖经济效益。

7. 培育龙头企业

着力培育肉牛加工龙头企业，推动肉牛产业经济健康发展。不同部位的牛肉，其价格相差几十倍，因此，要着力培育肉牛加工龙头企业，通过精加工、细分割，形成具有地方特色的系列牛肉产品，从而进一步延长产业链，提高产品附加值，实现牛肉增值最大化，推动优质优价机制的建立，提高肉牛养殖业的经济效益。

雷琼黄牛

雷琼黄牛属役肉兼用型黄牛地方品种。

一、一般情况

（一）中心产区及分布

雷琼黄牛主产区位于雷州半岛的徐闻、雷州、遂溪及海南琼山，廉江、吴川、麻章、东海岛以及海南其他县区也有分布。

（二）产区自然生态条件

雷州半岛地处广东省西南部，位于北纬21°15′~21°20′，东经109°22′~110°27′。东临南海与电白县相邻，南与全国最大特区海南省隔海相望，西濒北部湾，北接化州市及广西壮族自治区。南北长约140 km，东西宽60~70 km，面积约0.78万 km²。

雷州半岛地势北高南低，以北部廉江市境内的双峰嶂（382 m）为最高点。地貌以平原为主，约占66%，丘陵占30.6%，山区占3.4%。半岛地形单一，起伏和缓，以台地为主，次为海积平原。地面坡度一般仅3~5°。半岛北部为和缓的坡塘地形，海拔25~50 m。唯遂溪城月镇和麻章区湖光岩一带为玄武岩台地，海拔45~55 m，台地上有螺岗岭、交椅岭和湖光岩等7座火山丘；半岛南部玄武岩台地更平坦，分布有10座火山丘，一般海拔25~80 m，高者达200 m以上，如石卯岭高259 m，石板岭高245 m。沿海有海蚀和海积阶地。

雷州半岛属热带季风气候。受海洋气候调节，冬无严寒，夏无酷暑，暑季长，寒季短，温差不大。年平均气温为23.2℃，7月最高，月平均为28.9℃，最高曾达38.1℃；1月最低，月平均为15.5℃，最低曾达2.8℃。气温宜人，草木常青，终年无霜雪。全年日照时数为1 864~2 160 h，年太阳总辐射量为102~118 kJ/cm²，是我国光热资源最丰富的地区之一。

雷州半岛年降水量1 300~1 700 mm，平均1 567.3 mm，由东向西渐减。平均年雨天数126 d。有雨季、旱季之分。每年4—9月为雨季，占年降水量的80%左右。12月至翌年3月的降水量不及年总量的10%，且年变率大。一般10年有6年春旱。半岛上海陆风明显，主导风向为偏东风，年均风速3.5~4 m/s。夏秋间多台风暴雨，影响半岛的台风年均5~6次。

雷州半岛河川短小，呈放射状，由中部向东、南、西三面分流入海。东流有遂溪河、城月河、南渡河（擎雷水），南流有流沙河等，西流有海康河等。年均径流系数为1%~2%。地下水资源丰富。钻孔到达承压水层时，自流喷水，水质好，量多，但埋藏较深。

雷州半岛土壤以砖红壤为主，谷地为冲积土，海滨为盐土。土质北部为玄武岩水化砖红壤，其余主要为玄武岩砖红壤，土层深厚，土质黏重，土地肥沃。

湛江市土地总面积1 721.97万亩，海岸线长1 555.7 km，其中滩涂面积148万亩，耕地面积524.9万亩，园地面积72万亩，林地面积394.5万亩，草地面积168.65万亩。全年粮食播种面积491万亩，总产量133.27万t，粮食作物以水稻、番薯、木薯、杂粮为主，经济作物有甘蔗、花生、芝麻等。

二、品种来源与变化

（一）品种形成

据张勃《吴录地理志》记载："合浦、徐闻县多牛，其顶上有突骨，大如覆斗、日行三百里。"认为雷琼黄牛自汉代初期由北方输入，经劳动人民长期精心饲养和严格选育而成。

（二）群体数量和变化情况

2005年湛江市黄牛总头数42.02万头，母牛总数16.9万头。其中能繁母牛约10.9万头，选留后备母牛4.3万头，公牛数量1.3万头，其中用于配种的成年公牛数6 550头，未成年及哺乳公犊、母犊数分别为6 516头和2.6万头。

随着人民生活水平的不断提高，膳食结构发生了很大变化，人们对牛肉、羊肉的需求逐年增多，牛羊市场十分活跃。从黄牛的存栏数上看，湛江的肉牛总数略有增加，但增长幅度不大，如1984年黄牛存栏数为41.2万头，到2005年末仅增加到42.02万头。由于农业机械化及农耕条件的变化，主要作为役用的雷琼黄牛逐渐转向肉用。因雷琼黄牛个体相对较小，育肥后达不到高档牛肉的要求，而杂交牛的生长速度、产肉性能与经济效益均明显优于纯种牛，杂交牛的生产发展较快。目前湛江交通比较发达的城镇几乎找不到纯种雷琼黄牛，纯种雷琼黄牛的数量自20世纪末开始急剧下降，如果不采取积极有效的措施，该品种的发展将受到极大影响。

由于杂交的缘故，牛的体格逐渐增大，骨骼变得比较粗大。雷琼黄牛因骨骼细小，同等体重条件下的净肉率明显较北方牛种高。综合20世纪80年代与目前的屠宰资料分析发现，雷琼黄牛的肉骨比逐渐降低，肉脂品质未见明显的变化，具体如表2.1和表2.2。

表2.1 雷琼黄牛屠宰性能

年份	宰前重（kg）	胴体重（kg）	净肉重（kg）	骨重（kg）	屠宰率（%）	净肉率（%）	肉骨比（%）
1982	144.90	76.63	61.50	13.26	52.88	42.44	4.63:1
2006	256.60	133.76	103.73	24.52	52.14	40.29	4.27:1

注：1982年的数据引自《广东省家畜家禽品种志》，2006年的数据来源于广东湛江金牛实业有限公司的测定结果。

表 2.2　雷琼黄牛体重和体尺

年份	公牛体尺、体重				母牛体尺、体重			
	体高（cm）	体长（cm）	胸围（cm）	体重（kg）	体高（cm）	体长（cm）	胸围（cm）	体重（kg）
1976	116.45	133.4	151.18	272.93	102.1	118.47	135.13	198.21
1982	119.4	134.4	156.6	302.1	104.4	119.9	142.2	222.4
2006	115.08	139.5	163.42	354.6	104.78	127.45	150.67	271.2

注：1976年的数据来自广东省畜禽资源调查，1982年的数据引自《广东省家畜家禽品种志》，2006年的数据来源于广东湛江金牛实业有限公司的测定结果。

三、品种特征和性能

（一）体型外貌特征

1. 外貌特征

雷琼黄牛被毛细短，以黄色为主，也有棕色、黄褐色、黑褐色，肤色为黄色。体质结实，结构匀称，体格适中。头部特征与类型分布：公牛头重、额平、角大，呈锥形稍弯，颜色角根部呈灰白，角尖灰黑色，眼睛大，耳平伸；母牛面形清秀，头轻、额平、角细短，颜色灰白，眼细，耳平伸，耳端尖细。颈、肩、背特征：公牛颈粗，颈下垂肉发达，肩峰较为发达，背线较平直；母牛细长，髻甲低，颈肉侧皮肤有皱褶，背线平直。四肢强健有力，关节明显。蹄质坚实，肢体端正。骨骼结实，肌肉丰满。尾长，下垂过飞节，尾梢黑色。

2. 体重和体尺

成年公牛体高115.08 cm，体斜长139.5 cm，胸围163.42 cm，

雷琼黄牛（公）

雷琼黄牛（母）

管围 16.38 cm，体重 354.6 kg。成年母牛体高 104.78 cm，体斜长 127.45 cm，胸围 150.67 cm，管围 14.36 cm，体重 271.2 kg。

（二）生产性能

1. 役用性能

雷琼黄牛为湛江农业生产的主要畜力。据调查，在红壤地上耕种，每小时可耕0.4~0.5亩，成年阉牛用胶轮车在平坡小路可载重 700~1 000 kg，最重可载 1 800 kg，时速 4~5 km。

2. 产肉性能

对 5 头雷琼黄牛的屠宰结果表明，成年牛宰前体重为 256.6 kg，胴体重为 133.76 kg。屠宰率为 52.14%；净肉重为 103.73 kg，净肉率为 40.29%；骨重为 24.52 kg，肉骨比为 4.27∶1。眼肌面积为 46.39 cm^2。肌肉常规成分分别为：水分为 73.82%，粗蛋白为 22.44%，粗脂肪为 1.93%，灰分为 0.34%。

3. 繁殖性能

性成熟年龄公牛为 18 月龄，母牛为 12 月龄。配种年龄公牛为 24 月龄，母牛为 18 月龄；全年发情，春秋发情较为旺盛，发情周期为 20~25 d，发情持续 1~2 d；怀孕期 270~290 d，一胎产犊 1 头。公犊牛出生重 14 kg，母犊牛 12 kg；断乳体重（6 月龄）公犊牛 78 kg，母犊牛 76 kg；哺乳期日增重公犊牛 355 g，母犊牛 355 g；犊牛成活率 98% 以上。

四、饲养管理

除专业场（养牛大户）圈养之外，其余养牛农户全年放牧，放牧时间以耕作间歇为主，农闲季节放牧时间较长，罕见补饲。犊牛产后数日即跟随母牛一起放牧和哺乳，多自然断奶。

雷琼黄牛性情温顺，易管理，农闲季节自由放牧，使役间歇采用栓系放牧。难产病例极为罕见，偶尔因胎位不正，胎儿过大导致难产。

五、品种保护与研究利用

雷琼黄牛于 1987 年被收录进《广东省家畜家禽品种志》，2011 年被收录进《中国畜禽遗传资源志·牛志》；2006 年雷琼黄牛被列入《国家级畜禽遗传资源保护名录》，2009 年被列入《广东省畜禽遗传资源保护名录》，2014 年再次被列入《国家级畜禽遗传资源保护名录》。该品种的资源保护与开发利用主要由湛江市畜牧技术推广站、麻章区畜牧技术推广站等单位负责。2011 年，根据农业部公告第 1587 号，湛江市麻章区畜牧技术推广站被确定为国家级雷琼黄牛保种场。

六、品种评价

雷琼黄牛不仅耐热性能好，且觅食能力强，耐粗饲。此外，雷琼黄牛患病少，抗焦虫病能力较强。但也存在体型小、产肉量和泌乳量低等缺点，未能适应经济发展和人民生活的需要。近年湛江分别引进了南德文和利木赞等品种牛进行杂交生产，其后代在生活力、生长速度等方面都有不同程度的提高。杂交一代经过9个月左右的强度育肥，其屠宰前体重、体表脂肪覆盖率、屠宰率和净肉率等指标均达到大型牛种的基本要求。雷州黄牛屠宰性能数据参考表2.3。

表2.3 雷州黄牛屠宰性能

性别	月龄	宰前体重（kg）	胴体重（kg）	净肉（kg）	骨重（kg）	屠宰率（%）	净肉率（%）	骨肉比	皮厚（cm）	肌肉厚（cm）	脂肪厚（cm）	眼肌面积（cm²）
公	成	203	112	84.14	17	55.17	75.13	1∶4.94	0.25	2.74	0.43	45.02
公	成	301	153.5	120.01	27	51	78.18	1∶4.44	0.3	—	—	47.88
公	成	349	185	146.32	36.2	53.01	79.09	1∶4.04	0.31	10.03	1.31	46.28
母	成	219	110.9	85.91	21.3	50.63	77.47	1∶4.03	0.24	—	—	43.05
母	成	211	107.4	82.21	21.1	50.9	76.55	1∶3.91	0.25	7.98	0.98	47.77
平均值		256.6	133.76	103.73	24.52	52.14	77.28	1∶4.24	—	—	—	46.39
标准差		64.95	34.3	28.49	7.44	1.94	1.52	0.02	—	—	—	2.49

注：屠宰测定结果来源于2006年11月广东湛江金牛实业有限公司。

陆丰黄牛

陆丰黄牛属役肉兼用型黄牛地方品种。

一、一般情况

（一）中心产区及分布

陆丰黄牛中心产区在陆丰市，主要分布于汕尾城区、陆河、海丰、惠东、普宁等地。

（二）产区自然生态条件

陆丰地处粤东沿海丘陵地区，位于东经115°31′~116°5′，北纬22°45′~23°32′。地势平坦，由北向南倾斜，最高点位于陂洋镇西北角的峨眉嶂，海拔980 m。市内自北向南依次分布有山地、丘陵、平原（滨海台地）3个地貌类型区。其中北部以山地为主，间有小盆地，中部与南部沿海多为丘陵、台地、平原与低洼地。年最高温度37.8℃，最低温度为0.9℃，年平均气温21~22℃。无霜期361 d。年平均降水量为1 760~2 200 mm，雨季开始于3月下旬，结束于10月中旬，长达210 d以上。市内主要河流有螺河、乌坎河、鳌江、龙江，主要水库有龙潭、巷口、五里牌、投围、三溪水、牛角隆。以山地为主的自然土壤多为厚层酸性土，质地多为壤土，分为8个土类、8个亚类、12个土属、21个土种。全市总面积1 681 km²，其中耕地面积50万亩（水田面积29.5万亩，旱园地20.5万亩）；水果面积16万亩；林地面积62万亩，其中疏残林50万亩。牧草地、草山面积84万亩。农作物主要有水稻、番薯、大豆、大麦、小麦、玉米、花生、甘蔗、黄红麻、芝麻等。

二、品种来源与变化

（一）品种形成

陆丰黄牛的形成历史，现已无法查考。该品种于1976年被收录入《广东畜禽遗传资源汇编》。广东省质量技术监督局于2004年发布了陆丰黄牛广东省地方标准。

（二）群体数量和变化情况

2001年底，陆丰黄牛总存栏量8.5万头，其中母牛5.1万头，公牛3.4万头。随着人民生活水平的不断提高，膳食结构发生了很大变化，人们对牛肉、羊肉的需求逐年增多，牛羊市场十分活跃。1975年陆丰的黄牛存栏数为3.33万头,到2005年末增加到12万头以上,总数增加非常迅速。受条件限制并未能对该品种进行系统的选育提高。虽然牛的个体有增大的趋势,但牛的营养状况并不是很好。如能在品种选育及饲草均衡供给方面多做些工作,对该品种牛的进一步发展十分有利。近20年来,该品种牛的体重、体尺都有增大的趋势,其中胸围和体重变化最大(见表2.4)。从调查结果看,陆丰黄牛个体虽然骨架较大,但体况并不是很好,其实际体重可能比估测的体重要小一些。其他没有太大变化。

三、品种特征和性能

(一)体型外貌特征

1. 外貌特征

陆丰黄牛被毛较短,母牛以棕黄色居多,也有棕黑色。公牛以褐黑色为主,也有棕黄色。阉牛以棕黄色为主,也有少数黑色。体质结实、结构匀称、体格中等。头大小适中,公牛及阉牛较粗重。眼亮有神,耳大灵活。额面较平。口较方大。鼻镜颇宽,呈黑褐色。角短,角型不一致,形状上可分为两种,一种是短而尖,呈倒八字形,长10~13 cm,多向上突出;另一种是较长,稍向内向前弯,长16~20 cm。角质粗糙,呈黑色或角基呈灰白色,角尖呈琥珀色。颈厚薄适中,公牛及阉牛较粗大,颈与胸部接合良好。公牛颈部略有隆起。颈下垂皮较发达,连接至前胸。公牛及阉牛的鬐甲较高,有肩峰,据测定峰高可达约10 cm。母牛的鬐甲一般较低而稍薄。背腰长短适中,一般较为平直且宽。四肢粗壮,前肢

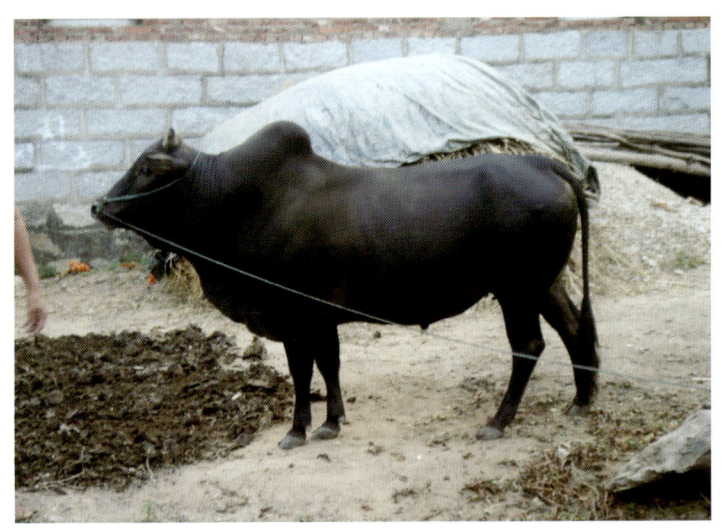

陆丰黄牛(公)

陆丰黄牛(母)

较短，后肢较长，关节结实。后肢飞节呈弓形，稍有内靠现象。蹄质坚实，蹄叉紧贴，蹄形稍尖，一般多为黑色。陆丰黄牛尾粗大而长，尾根粗壮、尾帚大。

2. 体重和体尺

成年公牛体高116 cm，体斜长141 cm，胸围148.2 cm，管围15.5 cm，体重291.8 kg。成年母牛体高111.4 cm，体斜长137 cm，胸围147.4cm，管围15.7 cm，体重281.7 kg。详见表2.4。

表2.4　陆丰黄牛体重和体尺

年份	公牛体尺、体重				母牛体尺、体重			
	体高（cm）	体长（cm）	胸围（cm）	体重（kg）	体高（cm）	体长（cm）	胸围（cm）	体重（kg）
1976	110.7	130.5	147.5	262.9	110.4	119.9	137.6	210.2
2006	117.1	126.2	151.2	296.8	108.4	126.5	150.5	282.5

（二）生产性能

1. 产肉性能

成年或18月龄公牛宰前体重291.8 kg，母牛281.7 kg，胴体重139.7 kg，大腿肌肉厚度10 cm，腰部肌肉厚度7 cm，背部脂肪厚度1.5 cm，腰部脂肪厚度1 cm，骨肉比70∶100，眼肌面积108.2 cm^2。

对5头陆丰黄牛的屠宰结果表明，成年牛肌肉常规成分分别为：水分为75.25%，粗蛋白为21.78%，粗脂肪为1.85%，灰分为0.29%。

2. 繁殖性能

性成熟年龄公牛为10~11月龄，母牛为11~12月龄。配种年龄公牛为20月龄，母牛为24月龄。春秋两季发情较明显，发情周期多在18~21 d，也有23~28 d，发情持续2~3 d，也有3~5 d，其时间长短可因年龄及营养状况、使役轻重而异。壮年母牛及营养状况良好，其发情持续期较长；老年及营养不良和使役过重的母牛，其发情持续期则较短，并且发情周期也不正常。怀孕期均在10个月左右，每胎1头，个别有双胞胎。犊牛出生重10 kg左右，断奶重70 kg，哺乳期日增重0.25 kg，犊牛成活率（断奶后）100%，犊牛成活率98.2%。

四、饲养管理

陆丰黄牛比较容易管理，全年放牧，舍饲以精料加秸秆。个别有流产情况出现。犊牛的饲养管理方式基本与成牛的一样，犊牛的舍饲时间较长些。

五、品种保护与研究利用

2017年，陆丰黄牛被列入《广东省禽畜遗传资源保护名录》。该品种尚未建立保种场，但汕尾市畜牧主管部门已制订了保种和利用计划。

六、品种评价

陆丰黄牛不仅耐热性能好，且觅食能力强，耐粗饲。但存在群体内个体差异较大，牛的营养状况不良，产肉量和泌乳量低等缺点，未能适应经济发展和人民生活的要求。根据陆丰黄牛保种和利用现状，为了进一步提高陆丰黄牛的经济利用价值，建议要尽快建立陆丰黄牛纯种繁殖场，加强选育和研究；加强人工牧草的种植、加工及农副产品的开发利用研究，保障牛的营养和全年的均衡供应，进一步提高肉牛的营养水平和产肉率，加快陆丰黄牛的发展。

概 述

一、广东省养羊业概况

广东省有优越的自然地理环境,养羊历史悠久,但特殊的地理环境、资源构成及社会文化背景等因素,也使养羊业在畜牧业中的地位与其他畜禽养殖业尚有较大差距。

广东省的养羊生产以农户散养为主,羊的分布遍及全省各地,以韶关、江门、清远、河源等地及雷州半岛的雷州、徐闻的农户饲养数量较多。广东省饲养的肉羊以山羊(如雷州山羊、湖南黑山羊、四川黄羊、波尔山羊等)为主,也有部分地区试养绵羊(湖羊、小尾寒羊及其杂交种)。广东省养羊的历史悠久,但发展比较缓慢。根据资料记载,广东省20世纪50年代至20世纪70年代有一段快速发展阶段,羊只存栏量由1952年的11.52万头猛增到1978年的41.3万头,之后出现一定幅度的回落,1985年下降到38.49万头。2000年后开始稳步增长,肉羊存栏量由2001年的32.9万头增加到2012年的40.18万头(注:1988年前的统计数据包括海南,1988年海南设置为省之后,畜牧统计数据较之前有较大的回落)。羊肉量从2001年的0.27万t增加到2012年的0.88万t。广东省养羊生产主要还是靠天养羊,呈现"夏壮、秋肥、冬瘦、春乏"的现象,以家庭零星散养为主,一般为20~80只的小规模养殖。据调查,84.8%的养羊户饲养的羊都是靠自繁自养,90.3%的调查户反映本乡镇没有专业的繁育场(户)。饲料主要以青草和秸秆为主,73.1%的养羊户以秸秆喂养,所喂饲料没有经过加工调制,消化利用率低,羊生长缓慢,出栏周期长,出栏率仅45%左右;繁殖率也相当低,经济效益较差。但这种饲养方式的优点是生产成本低廉。专业养殖户一般建有专门的羊舍和青贮池,种植专用饲草,有专门的饲养人员,采用半舍饲饲养方式,饲养规模200~300只。近几年也有人开始尝试规模化舍饲肉羊,但尚未形成气候,也缺乏起示范带动作用的龙头企业。

广东省饲养的肉羊以雷州山羊为主,近年也曾引入波尔山羊、南江黄羊、努比亚山羊、湖南黑山羊、莎能奶山羊等进行纯繁或杂交。在粤西地区因消费习惯,人们更喜欢黑羊,同时雷州山羊的主产地就在粤西的雷州和徐闻,因此,在粤西地区主要养殖的品种为雷州山羊。而在广东省的其他地区,人们对肉羊的毛色并无特别的要求,因此,养殖的品种相对较杂,但均以饲养山羊为主。广东省过去曾是没有绵羊饲养的省份之一,2003年广东省首次引入50只小尾寒羊,从此结束了广东省没有绵羊的历史。经过近10年的努力,绵羊在广东省已有一定的推广量,但相对山羊来说,仍然微不足道。

雷州山羊是我国著名的地方优良品种,广东省唯一的肉用羊地方良种,1997年被农业部列入《国家级畜禽品种保护名录》。该羊具有性成熟早、繁殖力高、生长发育快、产肉多、耐湿热及抗病力强等特点，其肉嫩味美、膻味轻、营养丰富，深受消费者欢迎。产品畅销国内各地及港澳市场，每年仅海南省市场需求量就超过 10 万只；广东省粤北等地也从湛江市批量调运雷州种山羊进行推广饲养，效果非常好，目前雷州山羊的市场需求量巨大，市场前景十分广阔。

波尔山羊是在南非经过近两个世纪的风土驯化和杂交选育而成的大型肉用山羊品种。其生产性能十分突出，3 月龄公羊体重 19.7~20.5 kg，母羊体重 17.4~17.9 kg；周岁公羊体重 55 kg，母羊体重 45 kg；成年公羊体重 90 kg 以上，母羊体重 60 kg 以上；经产母羊产羔率达 190% 以上。世界上许多养羊业发达的国家均有养殖。

二、广东发展养羊的有利条件

1. 气候条件优越

广东省地处季风性气候的热带、亚热带地区，阳光充足，雨量充沛，各类植物四季常青，非常适宜牧草的生长，发展养羊业的条件得天独厚。

2. 农副产品丰富

广东省农业以种植水稻、甘蔗、木薯、番薯及花生等为主，其副产物稻草、蔗尾、番薯藤、木薯渣等资源非常丰富，但均未得到充分的利用，这些农作物副产品通过适当的加工可为肉羊提供大量的饲料。

3. 地理环境优越

广东省的地貌特征是以山地和丘陵为主（约占全省陆地面积的 70%），其中山地占全省陆地面积的 33%，丘陵占 25%，台地占 19%，平原占 23%。在这些山、丘地带，野草和灌木种类繁多，大部分是山羊喜欢吃的饲草，自然资源十分丰富，但大部分的草山、草坡未能得到充分的开发利用。

4. 品种优良及经验丰富

雷州山羊是广东省的当家品种，具有成熟早、生长快、适应高温潮湿条件等优点，是优秀的地方品种，也是广东省分布和饲养数量较多的一个品种。在雷州山羊的主产区及山、丘地区，农民素有养羊的习惯，积累了丰富的养羊经验。

5. 消费需求增加

随着人们生活水平的提高，优质健康的羊肉早已成为人们餐桌上的不可或缺的菜肴，市场需求量大幅增加，本地供给量远不能满足市场的快速增长。

6. 产业结构调整需要

广东省畜牧业以猪禽为主，广东省人多地少，人均耕地仅 0.03 公顷，低于全国平均水平，也低于联合国粮农组织确定的 0.05 hm^2 的警戒线，不能拿出土地用于饲料粮生产。饲料资源紧缺，已成为广东省猪禽发展的一大瓶颈，急需进行畜牧业产业结构调整，发展对粮食消耗比较少的草食动物。

综上所述，广东省现有的品种、地理环境、气候条件、农作物资源及市场需求和政策等各方面因素，均有利于广东省养羊业的大力发展，潜力巨大。

三、广东省养羊业的发展方向及措施

国外肉羊饲养业始于20世纪50年代，到80年代初，肉羊生产体系及配套技术体系日趋完善，其基本思路是结合本国实际，提高良种化程度，建立肉羊杂交繁育体系，改进饲养管理技术，推广羔羊早期断奶、颗粒饲料育肥及胴体分级等技术，实现了肉羊的规模化饲养。目前，羊肉生产的主要方式有两种：一是利用地方绵羊、山羊进行羊肉生产，即当年生羔羊当年肥育、屠宰，或将老龄的、无繁殖力的羊只经短期育肥后屠宰；二是利用引进的产肉性能好、繁殖性能强的绵羊品种与本地品种杂交进行肥羔生产。国外羊肉生产主要采用第二种方式。羔羊育肥、当年屠宰在许多畜牧业发达的国家（如美国、英国、法国、加拿大、阿根廷、澳大利亚、新西兰等）早已成为羊肉生产的主要方式和技术措施。在正常生产条件下，羔羊平均日增重200 g以上，4月龄羔羊可生产胴体20 kg，其肉质呈大理石样花纹，脂肪少、鲜嫩可口。英国、美国的羔羊肉产量占羊肉产量的90%，新西兰、法国的羔羊肉产量也达到70%以上。

与国外规模化的羊肉生产体系相比，广东省的肉用羊生产仍处于零星、分散的状态，尚未形成体系；大量分散存在的小生产既不利于品种的选育与提高，同时也对脆弱的草场和生态系统造成了严重的破坏。因此，广东省养羊生产的主攻目标应是致力于扩大母羊的存栏量，提高单产，增加总产，使自然经济向商品经济转变，使传统养羊业向现代养羊业转化，因地制宜地发展不同用途的品种，利用优良品种提高低产群体的质量，达到提供更多产品的目的。为此，建议：

1. 提升养殖业的科技含量

加大养殖人员培训力度，进一步强化科技进步的观念和意识，实施科教兴牧战略。首先，健全畜牧科研机构，稳定队伍，改善条件，开展相应的科学研究，研究推广一些具有较强实用性的关键生产技术，如良种繁育技术、饲料营养技术、饲养管理技术、综合防疫技术、标准化无公害生产等养殖技术。其次，加强管理、技术、营销、养殖等人员的科技培训，积极开展以畜牧业生产为主的多种形式的实用畜牧业科技培训工作，提高专业技术人员和农牧民的整体素质，使广大农牧民群众能够掌握一定的科学技术知识。

2. 强化良种繁育体系建设

提高养羊业良种化水平，加强种羊场建设，建立符合广东省养羊业生产实际的良繁体系。按照分级建设、分级管理的原则，办好省、市、县三级良种繁育体系。在注重引进国外或省外优良品种的同时，加强新品种（品系）的培育，从引进为主转向引进和培育并重，逐步形成以自我开发为主的育种体系。积极探索企事业单位和科研院所相结合的育种新机制，扶持肉羊良种企业集团的发展，利用信息技术、生物技术，结合常规技术，加快新品种培育。重点加强地方品种资源的保护，在保种的同时加强新品种培育和开发，逐步形成以保护促开发，以开发促保护的良性循环机制。

3. 调整饲养模式，开辟饲料资源

传统养羊方式下，羊的饲草主要是草山草坡中的天然牧草，很少使用农副产品和精饲料补喂，不利于繁殖及育肥。根据羊的生物学特性及现代化肉羊生产的需要，应对天然草地进行人工改良，或种植优质牧草，科学地对饲草进行加工、生物转化、贮藏，提高饲草的利用率和转化率。在耕作制度和农业产业结构调整中实行"粮—经—饲"三元结构，采用半放牧半圈养的饲养方式，在青绿饲料丰富时，重点放牧加补饲，在枯草期则舍饲喂养加运动。为此，应积极推行秸秆氨化养羊和种草养羊，建立节粮型、食草型、高附加值型养羊生产方式。

4. 加大政府投入力度，扶持龙头企业

在资金上，广东省的相关经费应进一步向草食家畜养殖业倾斜，各区县和乡镇可将农牧局、扶贫办、民委等部门的相关扶持资金有机结合起来，在圈舍改造、青贮窖修建、良种引入、种畜饲养、人工草地等方面给予一定的经费补助。同时，重视对产品加工关键技术的研究开发，支持加工企业进行技术改造，完善相关的标准体系，引进、扶持一批以畜产品加工为主、产品竞争力强、技术含量高，对整个行业有辐射带动作用的龙头企业。并加强对产品质量的监控，提高产品质量安全水平，增强养羊产业的发展后劲。

雷州山羊

雷州山羊又称徐闻山羊，属肉用型品种。

一、一般情况

（一）中心产区及分布

雷州山羊原产于雷州半岛一带，中心产区位于湛江徐闻和雷州，麻章、遂溪、东海岛及海南部分市县也有分布，广东其他地方也有零星饲养。

（二）产区自然生态条件

同"雷琼黄牛"的产区自然生态条件。

二、品种来源与变化

（一）品种形成

徐闻山羊在清代即已开始饲养，以肉肥味美闻名。雷州山羊的来历，现尚无明确的考据。但已查知，早在100年前，雷州山羊就已进入香港和当时的广州湾市场，并以徐闻的肥羊蜚声各地。当时的徐闻县城有一条专门销羊的街道，叫羊行街，每逢墟日，讲墟到羊行街卖的羊只，少则几百，多则近千头，其中不乏有60~65 kg重的阉羊。

雷州山羊在雷州半岛的饲养历史悠久，是雷州半岛农户主要副业之一。家庭饲养很普遍，在徐闻的农村，每村每户都有养羊，少则3~5头，多则50~60头，特别是近年来出现了养羊专业户，仅徐闻县就有300多户。雷州山羊除当地内销外，也外销全省及香港地区，还远销越南等地。

（二）群体数量和变化情况

2005年湛江市山羊总头数11.49万只，其中能繁母羊2.69万只，用于配种的成年公羊1 348只。母羊利用年限3~10年，公羊利用年限3~5年。

近30年来，雷州山羊的养殖有了长足的发展。如表3.1所示，1978年雷州山羊存栏数仅为2.22万头，2005年存栏数为11.49万头，2005年的存栏数是1978年的5.17倍，从数量上看，雷州山羊发展速度较快。但雷州山羊的出栏数增长相对缓慢，羊肉的市场占有率低。

表3.1 雷州山羊历年存、出栏资料（万头）

项目	1978	1990	1994	1995	1996	1997	2005
存栏数	2.22	6.60	6.29	8.57	8.84	9.95	11.49
出栏数	—	4.80	3.64	5.01	5.25	5.93	9.22

表3.2 雷州山羊体重和体尺

年份	公羊体尺、体重				母羊体尺、体重			
	体高（cm）	体长（cm）	胸围（cm）	体重（kg）	体高（cm）	体长（cm）	胸围（cm）	体重（kg）
1976	60.5	62.1	87.0	54.1	55.9	58.1	80.2	47.7
1994					55.32	66.47	75.11	32.02
2001	60.83	75.58	81.92	40.45	56	70.3	80.9	35.6
2006	54.10	68.20	77.30	35.70	51.70	68.10	76.90	33.25

注：1976年的数据来自广东省畜禽资源调查，1994年的数据引自《雷州山羊成年母羊体重及体尺指标的回归分析》（叶昌辉等，2001），2001年的数据来自湛江市畜牧局品种资源调查，2006年的数据来自广东省畜牧技术推广总站调查测定。

由表3.2可以看出，在20世纪70年代雷州山羊2岁以上成年公羊活重为54.1 kg，母羊为47.7 kg。而2001年，公羊的活重只有40.45 kg，母羊仅为35.6 kg。到2005年公羊、母羊体重更小，这说明雷州山羊品种退化十分严重。其主要原因是缺乏系统的选育提高，其次是近亲繁殖严重。此外，雷州山羊板皮利用极不合理，本来利用雷州山羊的板皮发展皮革加工业具有很大的经济价值，但是湛江人吃羊肉习惯去毛后带皮食用，这极大地降低了板皮的经济价值，影响了养羊业的发展。

三、品种特征和性能

（一）体型外貌特征

1. 外貌特征

雷州山羊全身被毛短而密，富有光泽，无绒毛，腹部、背部、尾部的毛较长，公羊尤其显著。毛色多为黑色，角、蹄为褐黑色，也有麻色及褐色的，麻色羊除被毛黄色以外，背线、尾巴及四肢前端多为黑色或黑黄色，有的面部有黑色纵条纹相间，或者是腹部与四肢后部呈现白色。高脚种体型较高，体质结实，结构匀称，多产单羔；矮脚种体型较矮，骨骼较细，腹部膨大，乳房发育良好，多产双羔。公羊头大，眼大，额凸，耳大直立，角大而长，向上后方伸展，并向两侧伸开，颔下有须；母羊面形清秀，头小，两眼清秀，耳小直立，角细长。公羊颈粗，前高后低；母羊颈细长，颈前与头部相接处较狭，颈后方与胸部连接处逐渐增大，前低后高。四肢强壮有力，蹄质坚实。公羊腹小身短，背腰平直，母羊腹大而深，乳房发育

雷州山羊(公)

雷州山羊(母)

好，多呈球形，乳头呈圆锥形。尾粗短。

2. 体重和体尺

成年公羊体高 54.1 cm，体斜长 68.2 cm，胸围 77.3 cm，体重 35.7 kg；成年母羊体高 51.7 cm，体斜长 68.1 cm，胸围 76.9 cm，体重 33.25 kg。

（二）生产性能

1. 产肉性能

对 15 只雷州山羊（5 公，10 母）的屠宰结果分析，成年公羊宰前体重 34.1 kg，胴体重 16.51 kg，屠宰率 52.8%，净肉率 80.47%，骨肉比 1∶4.41；成年母羊宰前体重 33.36 kg，胴体重 14.23 kg，屠宰率 50.45%，净肉率 76.27%，骨肉比母 1∶3.7。肌肉成分为：水分为 75.5%，粗蛋白为 21.34%，粗脂肪为 1.82%，灰分 0.27%。

2. 繁殖性能

性成熟年龄公羊为 5~6 月龄，母羊为 4 月龄。配种年龄公羊为 18 月龄，母羊为 11~12 月龄。全年均可发情，但以春、秋两季发情比较旺盛。发情周期 16~21 d，平均为 20.4 d，发情持续期为 1~2 d。妊娠期 140~161 d，平均（146.38±3.5）d。每胎产羔数平均为 1.73 只，双羔率为 73.68%，71.4% 的初产羊产单羔。羔羊出生重公羔 1.62 kg，母羔 1.53 kg；2 月龄平均断奶体重公羔为 5.74 kg（4.0~7.7 kg），母羔为 5.48 kg（3.75~9.1 kg）；哺乳期日增重公羊（69.54±22.58）g，母羊（74.1±24.7）g；羔羊成活率 92% 以上，死亡率 8% 左右。

四、饲养管理

雷州山羊性情比较温顺，易管理，成年羊与羔羊全年均放牧饲养。徐闻从 1997 年开始，每半年将城南、龙塘、前山、迈陈 4 个养羊保护区进行公羊互换，阻止近亲繁殖。

五、品种保护与研究利用

雷州山羊于 1987 年被收录进《广东省家畜家禽品种志》，1989 年被收录于《中国羊品种志》，2011 年被收录进《中国畜禽遗传资源志·羊志》；2006 年雷州山羊被列入《国家级畜禽遗传资源保护名录》，2009 年被列入《广东省畜禽遗传资源保护名录》，2014 年再次被列入《国家级畜禽遗传资源保护名录》。广东省从 1997 年开始实施雷州山羊资源保护和开发利用项目。一方面在徐闻建立了雷州山羊保种场进行活体保种，在主产区内搜集到母羊 5 000 只，公羊 400 只，建立了雷州山羊核心群，并进行提纯复壮。同时引导散养农户合理选留种羊，科学饲养管理，提高雷州山羊的提纯复壮效果。另一方面采集雷州山羊精液与胚胎送农业部畜禽牧草种质资源保存利用中心保存。

六、品种评价

雷州山羊具有成熟早、生长发育快、繁殖力强、适应性强、抗病力强、耐粗饲和耐湿热等特点。在产区主要用作肉用，徐闻农民群众将公羊阉割后育肥屠宰，生产的羊肉瘦肉多，脂肪少，膻味轻，营养丰富，味美多汁，容易消化吸收，而且它的板皮质地优良，是当地主要草食畜种之一，具有较大开发潜力。

但是，由于近亲繁殖、缺乏系统的本品种选育，加上饲养管理技术落后，品种退化严重，体格明显变小，平均体重仅有30~35 kg。同时，雷州半岛南亚热带农业的开发和利用强度增大，大量土地用于甘蔗和速生树种生产，造成山羊放牧地日益减少，养羊空间受到限制，必须采取切实可行的措施，加强雷州山羊的保护和产业化开发利用。

家　禽

概 述

一、广东省家禽品种简史

广东省家禽品种资源丰富，养禽历史悠久。广东省鸡种可能源于分布于海南、广东西部与广西的原鸡。据谢成侠（1984）报道：中国的鸡种不应再认为以印度或东南亚地区的野鸡为祖先，而是由中国西南地区境内原有的原鸡祖先在南方经过驯化而来。在广西、海南、广东西部和云南均有原鸡（Gallus gallus）分布。这些鸡种很可能和我国南方古代的鸡种有血缘关系，以后再向北方传播。近年来基因组学研究的结果也表明，广西、海南、广东西部和云南是家鸡的重要起源中心。由此可见，广东省鸡种的起源可能来自海南、广东西部与广西的原鸡。

据广东地区西周至春秋战国时代、西汉东汉时代的古墓发掘出的很多陪葬的陶鸡、陶鹅和陶鸭来看，广东省4 000多年前已有家养的鸡、鹅、鸭品种，并在人们的生活中占有重要的地位。这些家禽都是由我们的祖先从野生种中经过长期的精心饲养和培育并逐步选育而成的。

有关广东省鸡种的文字记载，可见于西晋·郭义恭的《广志》："鸡有胡髯、五指、金骹、反翅之种。"该书已佚，而材料辑录在北魏·贾思勰的《齐民要术》一书中，"胡髯"是指颌下有须，"金骹"（音敲）指足胫金黄色。广东省的三黄胡须鸡是符合这些特征的，而且《广志》所记述的又是华南的情况，因此，西晋时的胡须鸡，很可能就是今天的三黄胡须鸡的祖先。上述《广志》的"反翅之种"，如果是反毛乌骨鸡，则此鸡种已有1 700年历史。宋·范成大的《桂海虞衡志》说"翻毛鸡，翮翎皆翻生，弯弯向外，尤驯狎。不散逸，两广皆有"。可见，我国医药上珍贵的丝羽乌骨鸡在广东省也有悠久的饲养历史。

广东省河川纵横，水草丰盛，更适宜放饲鹅群。据宋朝《清远县志》称："邑中养鹅只亦十余寮，近来运输省垣不少。"由此观之，早在宋朝，广东省已有清远鹅种了。广东省著名的狮头鹅，据老农推算，亦有200年以上的历史了。早在1825年，广东省开平马冈的农民利用三洲鹅与阳江鹅杂交而选育成今天的马冈鹅。

至于鸭的品种，有文字记载的，要算中山麻鸭为最早。据文献《五山志林》辨物篇《鸭啖蟛蜞》一文记载，早在600多年前，中山麻鸭品种已经形成。

广东省家禽品种的形成，首先是受优越的自然条件的影响。广东省气候温和，雨量充沛，四季常青，作物生长良好，饲料资源十分丰富。广东省大部分是山区和丘陵，素有"七山二水一分田"之谓，珠江三角洲和韩江三角洲更是粮食的高产地区。用作家禽饲料的主要有稻谷、甘薯、木薯、大豆、豌豆、小麦、玉米、高粱等，还盛产白菜、萝卜、苦荬菜、南瓜等青粗饲料。此外，鱼、虾、虫等动物性天然食饵也很充足，为广东省养禽业的发展提供了不可缺少的物质基础。这些丰富的饲料资源和优越的自然环境，不但为农家饲养家禽提供了放牧的条件，而且对广东省家禽的肉质也有重大的影响。

另外，广东人对家禽肉质要求严格，由于长期选种和培育结果，广东省家禽都具有肉质优良的特性。如三黄胡须鸡、清远麻鸡、杏花鸡和乌鬃鹅等均具有肌肉纤维细、肉嫩脂丰、皮脆骨酥、味道特佳的优点。广东人对食物的烹调也很讲究，素有"食在广州"之称。而在广东人的食谱中，鸡、鹅、鸭占有极其重要的位置，特别是逢年过节，喜庆筵席必备家禽食品，如白切鸡、东江盐焗鸡、太爷鸡、水蒸鸡、烧鹅、烧鸭、扒鸭等都别有风味。然而，这些菜谱对肉质的要求都很高，这对选育肉质特佳的家禽品种起着重要的推动作用。

广东省的家禽大都属于中小型种，只有狮头鹅属于大型鹅种，它也是世界大型鹅之一。我省部分地区的人们每逢年节拜神祭祖必以鹅为祭品，并且比鹅的大小，以有大鹅为荣，年年如此，因而精心选育大型鹅种，形成养大鹅的习惯。由于广东省靠近港澳，出口优良肉禽经济收益大，这对刺激选育、饲养优质禽品种也起着一定的作用。所以，广东省优良家禽品种的形成与当地自然经济条件是有密切关系的。

二、广东省家禽品种的分类及分布

（一）分类

1. 按体型大小来分

广东省的鸡种可分为中型和小型两种。属中型鸡种的有阳山鸡等，属小型鸡种有三黄胡须鸡、清远麻鸡、杏花鸡、中山沙栏鸡、怀乡鸡等。

广东省的鹅种可分为大、中、小型三种。狮头鹅属大型鹅种，马冈鹅等属中型鹅种，阳江鹅和乌鬃鹅则属于小型鹅种。

广东省的鸭种可分为中型和小型两种。中山麻鸭、东莞麻鸭等属中型鸭种，潮汕麻鸭属小型鸭种。

2. 按外貌特征来分

广东省的地方鸡种基本上可分为黄鸡和麻鸡两大类。三黄胡须鸡、杏花鸡、怀乡鸡和阳山鸡等属于黄鸡类型，清远麻鸡、中山沙栏鸡等则属于麻鸡类型。

广东省的地方鸭种只有麻鸭一个类型，如中山麻鸭、潮汕麻鸭、东莞麻鸭等。

广东省的鹅种以灰鹅为主，狮头鹅、乌鬃鹅、阳江鹅等均属于灰鹅。

3. 接生产性能来分

广东省的地方鸡种和鹅种都属于肉用品种，鸭种则都属蛋肉兼用品种。

（二）分布

广东省的黄鸡主要分布在粤东的东江流域下游一带和粤西及粤北等地区，麻鸡主要分布在清远、中山、东莞、番禺等地，狮头鹅主要分布在潮汕地区。20世纪50年代后，狮头鹅已遍布全国21个省（区）市及广东省内各地区。乌鬃鹅主要分布于北江流域，以清远为原产区。阳江鹅主要分布在阳江、江门、开平及邻近县市。麻鸭分布于全省各地。

三、保护和利用

多年来，广东省高度重视地方家禽品种的保护与利用，并取得较大成绩。目前几个地方鸡种都已有各自的纯繁群体，并在优质鸡新品种选育中起着重要的作用。

1. 参与育成各类配套系

无论是快大型优质鸡，还是中速型优质鸡、慢速型优质鸡，在培育过程中都广泛利用广东省各种地方品种资源。尽管形成快大型优质鸡配套系的各个纯系体型较大，生长速度较快，基本上属于快大型肉鸡，但在这些纯系的培育过程中，则或多或少地导入了地方鸡种血缘。

2. 直接选育生产特优质型优质鸡

目前广东省原有的清远麻鸡、惠阳胡须鸡、杏花鸡、阳山鸡、怀乡鸡、中山沙栏鸡等6个地方品种中，除阳山鸡外，其余5个均形成了规模化的生产。清远麻鸡更打出了"凤中皇""三元"等品牌，实现产业化生产，怀乡鸡以"走地鸡"方式每年的出栏量达到数百万只。

3. 地方鸡种组合形成新的配套系

这是一种新的发展趋向，是将两种以上的地方品种资源经过整理、选育提高后，进行配合力测定，推出适应市场需求的新类型，或者利用不同来源地方品种杂交，经横交固定再进行纯系选育。

清 远 麻 鸡

清远麻鸡为小型肉用鸡种。

一、一般情况

（一）中心产区及分布

清远麻鸡原产广东清远清城区。主产区为清远辖区内北江两岸，中心产区主要分布在清城区的附城、洲心、横荷、龙塘、石角、源潭等镇及清新县的高田、山塘、太平、回澜、升平、大朗等镇，其余市县呈极少数零星分布。

（二）产区自然生态条件

清远位于东经113°01′11″~113°46′22″，北纬24°17′49″~24°31′02″，位于北回归线北侧附近。一半以上地域是山区，地势自西北向东南倾斜，以山地、丘陵为主，平原分布于北江两岸的南部地区。海拔在10~25 m。全年平均气温22℃，最低气温出现在1月，为9.5℃；最高气温出现在7月，为33℃。每年无霜期平均为314.4 d。年平均日照1 662.2 h。年平均降水量1 900 mm，冬季有短时间霜冻及间歇性降雪现象。各季季节风明显，上半年多东北风，下半年多西南风。境内浅层地下水丰富，北江河、大燕河、笔架河环绕城区而过，山塘水库星罗棋布，有迎咀水库、银盏水库、花兜水库等20多个。另外有北江、连江、翁江三大水系和16条支流，年平均流量376亿 m^3。境内河流分属珠江的西江、北江和长江的湘江水系，均发源于千米以上的高山，河床坡度大，水流湍急。土壤主要有黄壤、红壤、潮沙泥土等，山区土质多为石灰岩。农作物以水稻、玉米、木薯、小麦、甘薯、花生、黄豆为主。

二、品种来源与变化

（一）品种形成

清远素有"三鸟之乡"美称（三鸟指鸡、鸭、鹅），市内山岗、丘陵甚多，青竹成园，灌木成林，四季常青，阳光充沛，虫蚁较多。此外，还有大量河涌、水圳，盛产鱼、虾、螺、蚬之类，天然食饵丰富，为鸡只提供了丰富的动物蛋白饲料，清远麻鸡就是在这样良好的自然条件下孕育而成。据《清远县志》第十四卷实业部分［《清远县志》编著于宋朝建炎三年，即公元1129年，后在"民国"十年（1921年）再修订出版］记称："鸡，近来交通方便，计小贩收买各乡家禽之鸡远销省垣，每年售价数万元。省垣以清远鸡为美，价比别处约高一成。"由此可见，清远麻鸡的饲养历史悠久。

（二）群体数量和变化情况

清远农家养鸡极为普及，至2002年饲养量达3 000多万只，但是由于清远鸡的选育缺乏统一的管理和科学的繁殖育种指导，有相当部分鸡场盲目杂交或近亲交配，致使品种体型外貌出现分化，生产性能一致性较差。

三、品种特征和性能

（一）体型外貌特征

1. 外貌特征

清远麻鸡的特征可归纳为三黄、二细、一麻（即脚黄、嘴黄、皮黄，头细、骨细，毛色麻黄）。公鸡颈和背部的羽毛金黄色，胸羽、腹羽、尾羽及主翼羽黑色，肩羽枣红色；母鸡头部和颈前1/3的羽毛为深黄色，背部羽毛有黑色斑点，羽面的底色分黄、褐、棕三色，形成黄麻、褐麻、棕麻三种羽色。黄麻占34.5%，棕麻占43%，褐麻占11.2%，余下为其他羽色，主翼羽和副羽的内侧为黑色，外侧为麻斑，由前至后变淡而麻点逐渐消失；雏鸡背面两侧各有一条宽约4 mm的白色绒毛带，中间为灰棕色，保持到第一次换羽后即消失，这是清远麻鸡雏鸡的特征。

公鸡体质结实灵活，结构匀称，脚黄，4趾，无距羽，跖长8~9 cm，跖围不大于2.5 cm；母鸡身体呈楔形，前躯紧凑，后躯圆大，脚细而黄，4趾，无距羽，跖长6.9~7.6 cm，跖围不大于2 cm。公鸡头大小适中，单冠直立，颜色鲜红，有5~6个冠齿，肉垂和耳叶鲜红，虹彩橙黄，无胡须，喙黄，颈部长短适中；母鸡头细小，单冠直立，冠小，有5~6个冠齿，冠、耳垂均为鲜红色，虹彩橙黄，喙黄而短，颈部长短适中。

2. 体重和体尺

成年公鸡、母鸡体重和体尺数据见表4.1。

表4.1 46周龄清远麻鸡体重和体尺

性别	体重（g）	体斜长（cm）	胸宽（cm）	胸深（cm）	胸角（cm）	龙骨长（cm）	胫长（cm）	胫围（cm）	骨盆宽（cm）
公	1 883±218	24.81±1.14	7.06±0.55	9.96±1.07	66.21±4.08	12.69±0.99	7.98±0.46	5.44±0.36	7.82±0.74
母	1 487±168	21.85±1.05	6.17±0.41	12.29±13.16	59.13±10.18	10.51±1.05	6.7±0.48	4.43±0.49	6.9±0.43

清远麻鸡（公）

清远麻鸡（母）

（二）生产性能

1. 产肉性能

160日龄清远麻鸡屠宰性能数据见表4.2。

表4.2　清远麻鸡160日龄屠宰性能

日龄	性别	活重（kg）	屠体重（kg）	屠宰率（%）	半净膛重（kg）	半净膛率（%）	全净膛重（kg）	全净膛率（%）	腹脂重（g）	腿肌重（g）	胸肌重（g）
160	公	1.96±0.2	1.75±0.29	89±0.011	1.54±0.28	78±3	1.26±0.24	63±2	60.33±33.55	148.33±21.95	105.67±19.15
	母	1.33±0.15	1.18±0.16	89±1	1.02±0.13	75±4	0.8±0.11	60±3	27.92±16.21	99.26±14.92	73.89±13.03

2. 繁殖性能

开产日龄：公鸡125日龄有配种行为，200日龄后可作种用；母鸡开产日龄（161±32）d。

3. 饲养管理要求

种鸡笼养或平养，肉鸡育雏期保温圈养，育成期和育肥期山坡地面放养。清远麻鸡长期习惯放牧饲养，觅食力强，除早晚喂料外，其余时间均放牧觅食为主。

四、品种保护与研究利用

清远麻鸡于1987年被收录进《广东省家畜家禽品种志》，1989年被收录于《中国家禽品种志》，2011年被收录进《中国畜禽遗传资源志·家禽志》；2006年被列入《国家级畜禽遗传资源保护名录》，2009年被列入《广东省畜禽遗传资源保护名录》，2014年再次被列入《国家级畜禽遗传资源保护名录》。2008年，根据农业部公告第1058号，广东清远凤中皇清远麻鸡发展有限公司被确定为国家级清远麻鸡保种场。2014年，根据农业部公告2234号，更变广东天农食品有限公司为国家级清远麻鸡保种场。

该品种对本地自然条件和饲养管理适应性强，但存在分布地区不广，品种内个体间生长发育不整齐的特点。今后应进一步普及科学养鸡知识，提高科学管理水平，扩大生产，同时重点抓好清远麻鸡品种保护工作，建立纯种核心群，大力扶持专业户，实行专业场选育和开展群众性选育工作相结合，扩大良种群，在现有的基础上把清远麻鸡从数量到质量上提高到一个新的水平。

五、品种评价

清远麻鸡以肉质优良而驰名国内外，其皮色金黄、肉质嫩滑、皮爽、骨软、肉鲜红味美、风味独特，号称岭南第一鸡，自宋朝就为清远人民广为饲养，历千年不衰。1957年全国家禽工作会议在清远召开，清远鸡更是得到了进一步的发展，销量、名气更大，是广东省种群最大、种质最纯、售价最高的鸡种。20世纪90年代，活鸡售价一直比其他黄鸡高30%~40%，一直为我国活鸡出口的主要名鸡之一。

惠阳胡须鸡

惠阳胡须鸡，又叫惠阳鸡、三黄胡须鸡、龙岗鸡、龙门鸡、惠州鸡，属肉用型地方品种。

一、一般情况

（一）中心产区及分布

惠阳胡须鸡原产于广东惠州、河源东江中下游各县。以惠阳、博罗、龙门、惠东、紫金等地为中心产区。

（二）产区自然生态条件

惠阳位于广东省东南部，居东江下游南岸。全境位于北纬22°27′~25°25′，东经114°7′~114°27′之间。地势东南高，西北低，形状东北窄，西南宽，平原丘陵交错，低山浅谷广布。北部多山地，中部、西部和沿江地带多冲积平原，东部和南部为丘陵、台地。惠阳地处北回归线以南，属亚热带季风气候，年平均气温在21.1~22.2℃，年平均降水量为1 545~1 989 mm。境内阳光充足，气候温和，年日照总数约2 000 h，7月平均气温28.3℃，1月平均气温13℃。四季常青，全年无霜期达350 d左右。境内江河众多，东江、西枝江及其支流淡水河交叉贯通全区。沿海有较多岛屿，海岸线迂回曲折，全长51.8 km，占全惠州海岸线长的23.2%。市内属珠江水系的河流总长度为520 km，多年平均径流量18.57亿 m^3，有充沛的淡水资源和丰富的土地资源。盛产稻谷、花生、甘蔗、大豆、蔬菜、水果、禽畜等农产品。经济作物为梅菜、甜玉米、马铃薯、韭黄、荔枝和年橘。

二、品种来源与变化

（一）品种形成

惠阳历史悠久，从公元366年设立县建制至今，有1 600多年历史，是邓承修、廖仲恺、廖仲元、叶挺的故乡，也是广东著名侨乡之一。早在晋代，郭义恭的《广志》中已有了胡髯鸡（即胡须鸡）的记载。到了近代，由于龙门人经常用竹笼装鸡，到广州、香港等地销售，因此又叫龙门鸡。

（二）群体数量和变化情况

20世纪70年代，惠阳胡须鸡在产区年饲养量达1 500万只，每年国家收购达200万只以上。但是由于受生产性能和繁殖性能较差等缺陷的影响，到了20世纪80~90年代初期，整个市场以白鸡为主，产区农户饲养的惠阳胡须鸡被大量杂交改良。2004年，惠阳胡须鸡饲养量仅有3 000只，2008年也只有1.2万只。

三、品种特征和性能

（一）体型外貌特征

1. 外貌特征

公鸡背部羽毛枣红，梳羽、蓑羽和镰羽金黄色而富有光泽，主尾羽黄色；母鸡全身羽毛黄色，主翼羽和尾羽有些黑色。尾羽不发达。体型中等，体质结实，胸深背宽，胸肌发达，后躯丰满，体躯呈葫芦瓜形。头大颈粗，喙粗短而黄，虹彩橙黄色；耳叶红色。颔下有发达的胡须，无肉垂或仅有一些痕迹；单冠直立，冠齿：公鸡6~7个，母鸡6~8个。

2. 体重和体尺

成年公鸡、母鸡体重和体尺见表4.3。

惠阳胡须鸡（公）

惠阳胡须鸡（母）

表 4.3 300 日龄惠阳胡须鸡体重和体尺

性别	体重（g）	体斜长（cm）	胸宽（cm）	胸深（cm）	龙骨长（cm）	胫长（cm）	胫围（cm）	骨盆宽（cm）
公	1 195.17±112.74	16.96±0.65	7.01±0.45	12.39±0.71	9.4±0.54	8.12±0.25	3.79±0.21	5.94±0.48
母	954±84.83	15.19±0.65	6.07±0.46	11.36±0.82	8.34±0.5	5.82±0.46	2.78±0.29	3.34±0.12

（二）生产性能

1. 产肉性能

120 日龄惠阳胡须鸡的屠宰性能数据见表 4.4。

表 4.4 惠阳胡须鸡 120 日龄屠宰性能

性别	活重（kg）	屠体重（kg）	屠宰率（%）	半净膛重（kg）	半净膛率（%）	全净膛重（kg）	全净膛率（%）	腹脂重（g）	腿肌重（g）	胸肌重（g）
公	1.35±0.1	1.21±0.09	90±1.1	1.12±0.08	83±1	0.95±0.07	70±2	7.82±9.11	239.17±21.77	152.1±14.57
母	1.20±0.1	1.08±0.1	90±1.8	0.95±0.1	79±3	0.79±0.82	66±3	45.84±14.95	168.9±20.44	136.65±18.05

2. 蛋品质量

惠阳胡须鸡蛋品质量数据见表 4.5。

表 4.5 惠阳胡须鸡蛋品质量

	蛋重（g）	蛋形指数			蛋比重（级）	蛋黄色泽（级）BASF（1~15）
		纵径（mm）	横径（mm）	指数		
平均值	45.84	4.944	4.064	1.217	9.47	5.8
标准差	2.05	0.143	0.193	0.102	2.8	1

3. 繁殖性能

母鸡就巢性强，平均 154 日龄开产，年产蛋数 108 个，开产蛋重 29 g，平均蛋重 46 g。种蛋受精率 87.4%，受精蛋孵化率 91.3%。

4. 饲养管理要求

惠阳胡须鸡可放养，也可以笼养，自由采食和补精料结合。

四、品种保护与研究利用

惠阳胡须鸡于 1987 年被收录进《广东省家畜家禽品种志》，1989 年被收录于《中国家禽品种志》，2011年被收录进《中国畜禽遗传资源志·家禽志》；2006年被列入《国家级畜禽遗传资源保护名录》，2009年被列入《广东省畜禽遗传资源保护名录》，2014年再次被列入《国家级畜禽遗传资源保护名录》。2008年，根据农业部公告第1058号，广东智威畜牧水产有限公司（现已更名为广东智威农业科技股份有限公司）被确定为国家级惠阳胡须鸡保种场；2014年，根据农业部公告第2234号，广东金种农牧科技股份有限公司也被确定为广东省惠阳胡须鸡保种场。

五、品种评价

惠阳胡须鸡耐粗饲，其肉质嫩滑、皮薄骨细、体型圆厚、大少适中，在广东省内外享有盛誉，在现代鸡育种、生产和外贸市场上都有较高的价值。但目前该品种已经变得混杂，生产性能下降，群体规模减小，为保护这一优良地方品种，应对其实施保种选育，纯化种群，扩大生产规模。

怀 乡 鸡

怀乡鸡，肉用型鸡种，分大小两种。

一、一般情况

（一）中心产区及分布

怀乡鸡原产于广东茂名信宜怀乡镇。在信宜境内均有分布，其中以怀乡、洪冠、茶山、东镇、池洞、朱砂、水口、北界、径口等地饲养较多，湛江、茂名、阳江等市及广西梧州、玉林等地也有饲养。因其毛、皮、脚（啄）皆黄，当地又称"三黄鸡"。

（二）产区自然生态条件

信宜位于广东省西南部，地处北回归线以南130~200 km，地理坐标为东经110°19′~111°41′，北纬21°22′~22°42′。怀乡镇是信宜中部的一个大镇，属丘陵地带，黄华江和钱排河流经境内直流西江。信宜地处低纬度的山区，属南亚热带季风气候但又有复杂多变的山区气候特点。由于山多，气候夏热冬凉，四季分明，全年平均气温为16.5~22.8℃，年降水量为1 477~1 941 mm，无霜期205~347 d。市内农作物主要有稻谷、小麦、玉米、花生、薯类等，并盛产松杉、竹，以及田七、砂仁、八角、山楂、柿子和竹器、玉器等，大宗经济作物有香蕉、三华李、荔枝、龙眼、茶叶、柑橙、南药等。

二、品种来源与变化

（一）品种形成

信宜是野生原鸡生长较佳温度（21~26℃）的地区。1994年曾在当地池洞西村山上捕获6只原鸡，经原中山大学生物系及广东省经济动物科技协会年会的鉴定，当时暂定名为原鸡岭南亚种，又曾于2003年、2004年先后进行捕获、研究。经当地人民长期的驯养渐成家鸡。信宜饲料来源丰富，自然环境优越，山清水秀，土质以黄土为主，同时，山区村落分散，有充裕山地，任由鸡放牧觅食。当地农民世代饲养怀乡鸡作为主要牧业收入之一。农民逢年过节或祭祖时，有竞赛大鸡的习惯，探亲访友以鸡相赠，体大肥美的怀乡鸡受到称赞。过去鸡贩高价收购怀乡三黄鸡外销，刺激了当地群众长期选留三黄鸡，世代积累自繁，就逐渐形成怀乡鸡种。

（二）群体数量和变化情况

怀乡鸡纯种饲养量较少，自2002年以来存栏纯种鸡约5万只，农户饲养以杂交鸡为主，以信宜市山地鸡形式饲养为主。

三、品种特征和性能

（一）体型外貌特征

1. 外貌特征

怀乡鸡分大、小两型。大型鸡体大、骨粗、脚高。小型鸡体小、骨细、脚矮。怀乡鸡头中等大小，单冠直立，有5~7个冠齿，眼睑皮呈红色，喙呈黄褐色，耳垂、肉髯鲜红色，虹彩橙红色。公鸡羽色鲜艳，头颈羽毛金黄色，全身羽毛黄色，主翼羽和副主翼羽黑色或带黑点，尾羽有短尾羽和长尾羽两种类型。长尾羽的公鸡，大镰羽长而弯，呈黑翠色有光泽，镶着金黄色的花边，公鸡显得雄壮美丽。短尾羽的公鸡，没有大镰羽，只有一些主尾羽。母鸡羽毛多为全身黄色，主翼羽和尾羽呈黑色或不完全的黑色，少数披肩羽毛有黄白相间的花纹，跖、趾呈黄色。

2. 体重和体尺

成年公鸡、母鸡体重和体尺数据见表4.6。

怀乡鸡（公）

怀乡鸡（母）

表 4.6　300 日龄怀乡鸡体重和体尺

性别	体重（g）	体斜长（cm）	胸宽（cm）	胸深（cm）	胸角（cm）	龙骨长（cm）	胫长（cm）	胫围（cm）	骨盆宽（cm）
公	2 390±270	27.16±2.22	7.45±0.71	10.05±1.03	73.53±6.33	12.4±0.73	8.95±0.4	5.13±0.24	10±0.71
母	1 660±170	23.34±1.05	6.3±0.37	10.69±13.1	68.1±6.57	10.26±0.54	7.26±0.3	4.02±0.14	8.44±0.57

（二）生产性能

1. 产肉性能

120 日龄怀乡鸡的屠宰性能数据见表 4.7。

表 4.7　120 日龄怀乡鸡屠宰性能

性别	活重（kg）	屠体重（kg）	屠宰率（%）	半净膛重（kg）	半净膛率（%）	全净膛重（kg）	全净膛率（%）	腹脂重（g）	腿肌重（g）	胸肌重（g）
公	1.44±0.33	1.32±0.29	92±1	1.16±0.28	81±1	0.95±0.23	66±1	49.73±13.01	114.7±31.26	78.5±13.31
母	1.24±0.19	1.12±0.18	90±2	0.99±0.17	75±9	0.81±0.15	61±8	44.26±19.12	93.19±23.9	70.77±10.79

2. 繁殖性能

怀乡鸡的开产日龄为 150~180 d，就巢性强。

3. 饲养管理要求

怀乡鸡羽毛生长速度较快，育雏时，20 日龄左右采用地下管道保温。由于信宜盛产玉米，大多喂以玉米粉。母鸡 120~130 日龄便可上市，公鸡则需达到 160~180 日龄方可上市。

四、品种保护与研究利用

怀乡鸡于 1987 年被收录进《广东省家畜家禽品种志》，2011 年被收录进《中国畜禽遗传资源志·家禽志》；2009 年被列入《广东省畜禽遗传资源保护名录》，2014 年被列入《国家级畜禽遗传资源保护名录》。2014 年，根据农业部公告第 2234 号，广东盈富农业有限公司被确定为国家级怀乡鸡保种场。

2001 年，在广东省农业科学院畜牧研究所的技术支持下，引进岭南黄Ⅲ号种鸡母本 3 000 多只与怀乡鸡父本进行杂交，对怀乡鸡品种进行改良，根据市场需求进行优化选育，初步培育出优质、高效、抗病力强、适宜山地养殖的信宜山地鸡新品种。信宜建立了山地鸡标准化生产的示范基地，自 2002 年 8 月信宜市政府与广东省农业科学院共建山地鸡标准化生产示范基地以来，已在朱砂、池洞、安莪等镇建立示范户 3 000 多户，每年饲养量为 600 多万只,出栏量为400多万只。

五、品种评价

怀乡鸡具有皮薄、骨细、肉味鲜美、适应性强、成活率高的优点,是广东省优良地方鸡种之一。但由于缺乏系统的选育,出现部分鸡群退化严重,产蛋数少,蛋重轻,生长速度较慢。为了保存地方良种,有必要在产区建立怀乡鸡种鸡场,开展怀乡鸡保种选育及其杂交利用的研究,以提高繁育性能和培育出生长快、肉质好、饲料报酬高的三黄肉用鸡。

杏 花 鸡

杏花鸡为小型肉用优质鸡种。

一、一般情况

（一）中心产区及分布

杏花鸡主产地在广东封开杏花镇，并因此而得名，当地又称"米仔鸡"，主要分布在封开县杏花、江口、罗董等16个乡镇。年饲养量达100万只以上。省内的怀集、德庆、郁南、新兴、佛山、广州等地也有饲养。近年江苏、北京等地也引种饲养。

（二）产区自然生态条件

封开位于广东省的西部，县境属多山地区。土地多为沙质土，四面环山，地势高亢。属南亚热带季风气候，受季风环流影响较大，热量丰富，光照充足，雨量充沛，水热同季暴雨日数不多，台风影响少，空气湿润，四季分明。主要农作物有水稻、玉米、小麦、蚕豆、花生、甘薯及木薯等，山坡、村边等种植有果树，为当地发展养鸡业提供了饲料来源和放养的良好自然环境。粮食丰富，可大量转化增值，为杏花鸡的资源保护和饲养奠定了良好的基础。

二、品种来源与变化

（一）品种形成

杏花鸡胸肌丰满，肌肉纤细，皮薄而皮下脂肪分布均匀，适宜烹制白切鸡。成品皮色带有光泽，爽脆可口（所谓"玻璃皮"），符合广东、广西人民要求食品鲜美、强调原味的习惯，同时是佐酒佳品，颇受消费者欢迎。早在1915年就已远销港澳，当时售价比一般鸡高30%以上，这对定向培育优质的肉用型杏花鸡起了一定的促进作用。杏花乡地处山区腹地，20世纪40年代前交通极为不便，很少引入外来鸡种。加之当地群众历史上习惯饲养"三黄"（黄喙、黄羽、黄脚）鸡，经长期选育，形成了外貌特征一致、遗传力较稳定的优良地方肉用品种。

（二）群体数量和变化情况

杏花鸡总数约500万只，其中公鸡约50万只，母鸡约450万只。

杏花鸡的保种工作自1972年封开县食品公司专门开办杏花鸡种鸡场开始，种鸡数量曾达到2 000只。1999年10月公司投资200万元，兴办杏花鸡繁育中心。2001年该中心被列入肇庆市农业龙头企业和省级农业扶贫龙头企业，2003年杏花鸡获得国家无公害食品认证，2006年荣获"广东省名牌产品"称号。据繁育中心提供资料，杏花鸡的群体已由当时不足10万只，发展到现今的500万只。

三、品种特征和性能

（一）体型外貌特征

1. 外貌特征

杏花鸡的特征可归纳为"两细"（头细、脚细）、"三黄"（羽黄、脚黄、喙黄）、"三短"（颈短、体躯短、脚短）。体质结实，结构匀称，被毛紧凑、前躯窄、后躯宽，体型似"沙田柚"。雏鸡以"三黄"为主，全身绒毛淡黄色。公鸡头大，冠大直立，冠、耳叶和肉垂呈鲜红色，虹彩橙黄色，羽毛黄色略带金红色，主翼和尾羽有黑羽，脚黄色。母鸡头小，喙短而黄，颈短、脚短、单冠，耳叶和肉垂呈红色，虹彩橙黄色，体羽黄色和淡黄色，颈基部有黑斑点（称为芝麻点），形似项链，主翼羽和副翼羽的内侧多为黑色，尾羽多数有几根黑羽。

2. 体重和体尺

成年公鸡、母鸡体重和体尺数据见表4.8。

杏花鸡（公）

杏花鸡（母）

表 4.8　300 日龄杏花鸡体重和体尺

性别	体重（g）	体斜长（cm）	胸宽（cm）	胸深（cm）	胸角（cm）	龙骨长（cm）	胫长（cm）	胫围（cm）	骨盆宽（cm）
公	1 500±120	24.04±1.34	6.080±0.67	9.12±0.53	67.5±4.24	11.69±0.94	8.13±0.48	4.17±0.23	8.24±0.47
母	1 220±130	21.53±0.98	5.24±0.39	7.98±0.65	64.08±3.38	10.32±0.66	7.04±0.48	3.68±0.3	7.23±0.49

（二）生产性能

1. 产肉性能

120 日龄杏花鸡屠宰性能数据见表 4.9。

表 4.9　120 日龄杏花鸡屠宰性能

性别	活重（kg）	屠体重（kg）	屠宰率（%）	半净膛重（kg）	半净膛率（%）	全净膛重（kg）	全净膛率（%）	腹脂重（g）	腿肌重（g）	胸肌重（g）
公	1.42±0.13	1.41±0.13	92.1±3.5	1.12±0.12	82±2	1.26±0.24	69±2	5±14.64	134.1±26.6	70.4±10.27
母	1.13±0.07	1.045±0.07	90.3±5.6	0.85±0.07	75±4	0.69±0.05	61±3	30.9±16.8	86.9±26.3	56±8.1

2. 繁殖性能

根据杏花鸡家系核心群 2004—2006 年所记载资料，开产日龄为 150 日龄，种蛋受精率为 90.8%，受精蛋孵化率为 74%，平均蛋重为 45 g，就巢性强。

3. 饲养管理要求

杏花鸡属于肉质特佳的优良地方鸡种之一。目前大多以农家放养为主，整天觅食天然食饵，只在傍晚归牧后饲以米糠拌稀饭。

四、品种保护与研究利用

杏花鸡于 1987 年被收录进《广东省家畜家禽品种志》，1989 年被收录于《中国家禽品种志》，2011 年被收录进《中国畜禽遗传资源志·家禽志》；2009 年被列入《广东省畜禽遗传资源保护名录》。根据广东省农业厅公告 2014 年第 10 号，封开县智诚家禽育种有限公司被确定为广东省杏花鸡保种场。1982 年，广东省家禽研究所用杏花鸡作为仿土黄鸡的杂交亲本，其杂交肉鸡表现良好，既有杏花鸡的外貌和风味，同时也提高了生产性能。1999 年封开成立了杏花鸡繁育中心，抓好杏花鸡的繁育、提纯复壮和养殖推广，并成功注册了"金凤凰"牌杏花鸡商标。杏花鸡从 1985 年起，进行了保种，经选育提纯后，性能有了很大的改进，被列入国家攻关课题《我国优质黄羽肉鸡配套杂交繁育体系的建立和研究》和《我国优质黄羽肉鸡品种的选育》。

五、品种评价

杏花鸡目前大多以农家放养为主，整天觅食天然食饵，只在傍晚归牧后饲以米糠拌稀饭，因此，杏花鸡早期生长缓慢。但也因为全期山地放养，羽毛整齐、羽色鲜艳、冠色鲜红、肌肉丰满，皮下和肌间脂肪分布均匀。杏花鸡的主要缺点是产蛋少，繁殖率低，早期生长缓慢，曾一度严重影响到该鸡的发展。因此有必要在保持原种杏花鸡优良的肉质和抗逆性的基础上，通过杂交改良其早期生长速度和产蛋率。

阳 山 鸡

阳山鸡为肉用型鸡种。

一、一般情况

（一）中心产区及分布

阳山鸡因其原产于广东阳山县而得名，现主要分布于阳山县江英、黎埠两镇。据历史资料记载，阳山鸡有两种类型：一种体型较大，特征是翘翅秃尾，主要分布在江英镇；另一种体型较小，特征是尾部长且不卷，主要分布在黎埠镇。

（二）产区自然生态条件

阳山位于广东省北部，谚语说七山二水一分地，总面积为 3 373 km^2，其中可耕作的水田和旱地总面积只有 37 万亩，山区为石灰岩地带，保水性差，较为干旱。阳山是一个石灰岩山区县，广东省最高山峰就在此县境内，故风光多以雄奇山水、幽深溶洞为主。一些乡镇因所处地势较高，其气候与平原地区差异较大，故反季节蔬菜种植十分有名。气候情况是春、夏、秋季的白天湿度与广州相仿，晚上略低，冬季普遍低 3~5℃，偶尔会有小雪。农作物以水稻、玉米为主，还有花生、番薯等农作物，为养鸡业提供了丰富的饲料来源。

二、品种来源与变化

（一）品种形成

阳山鸡饲养历史悠久，乾隆十二年的《阳山县志》中已有记载。传统饲养方法是米糠混合粥水喂养，因阳山鸡羽毛的生长速度慢，冬天时容易被冻死。据介绍，当地人曾用米拌上烧酒喂鸡苗，提高鸡的御寒能力。由于阳山的地理位置偏远，交通极为不便，外来的鸡种很少，阳山逐渐形成选择大型鸡种饲养的习惯。

（二）群体数量和变化情况

阳山鸡总数约 70 万只，其中公鸡约 7 万只，母鸡约 63 万只。整个阳山的种鸡饲养量有 70 万只左右，相对较纯的阳山鸡的出栏量为 70~80 万只。

三、品种特征和性能

(一)体型外貌特征

1. 外貌特征

阳山鸡胸深而体躯比较长,背稍平,躯体呈长方形。头稍大,脚高,胫粗,四趾,喙黄,皮肤黄,脚黄,公鸡单冠,一般有6~9个冠齿,有肉垂,耳略大,冠色深红。据《广东省家畜家禽品种志》中记载,阳山鸡可根据体型外貌分为三种类型,在调查过程中,据遗留资料,阳山鸡主要以翘翅秃尾的大型阳山鸡和长尾不卷尾的小型阳山鸡为主。大型鸡羽毛生长速度较慢,现市场上主要以这种大型鸡为主,农户普遍饲养的也是这种无尾羽、卷毛的大型阳山鸡。大型阳山鸡脚高,跖骨长,体型大,羽毛颜色为深黄色,被毛较松,主翼羽和尾羽较短,为黑色,主翼羽羽端2~3 cm处卷曲,有5~7条退化羽毛,无主尾羽。小型阳山鸡身体各部分相对比较小,羽毛浅黄色,主翼羽和主尾羽内侧呈黑色,外侧黄色,羽毛较多且完整,翼端无萎缩,但有些鸡也出现主翼羽和主尾羽退化。大型鸡和小型鸡共同的特点便是羽毛生长的速度很慢,体型都比较相似。

2. 体重和体尺

成年公鸡、母鸡体重和体尺数据见表4.10。

阳山鸡(公)

阳山鸡(母)

表4.10 300日龄阳山鸡体重和体尺

性别	体重（g）	体斜长（cm）	胸宽（cm）	胸深（cm）	胸角（cm）	龙骨长（cm）	胫长（cm）	胫围（cm）	骨盆宽（cm）
公	2 537±255	25.29±1.33	8.28±0.69	11.3±0.72	63.52±11.78	12.85±1.02	8.78±0.73	5.05±0.27	8.83±0.74
母	1 551±194	21.67±1.13	6.3±0.45	9.69±0.83	58.65±4.51	10.98±0.78	7.26±0.42	4.07±0.2	7.22±0.55

（二）生产性能

1. 产肉性能

120日龄阳山鸡屠宰性能数据见表4.11。

表4.11 120日龄阳山鸡屠宰性能

性别	活重（kg）	屠体重（kg）	屠宰率（%）	半净膛重（kg）	半净膛率（%）	全净膛重（kg）	全净膛率（%）	腹脂重（g）	腿肌重（g）	胸肌重（g）
公	2.064±0.24	1.9±0.24	92±2.8	1.72±0.21	78±3.6	1.35±0.16	58±1.5	173.1±42.16	146.5±22.44	101.3±17.23
母	1.481±0.17	1.37±0.16	92±2.7	1.16±0.16	78±4	0.88±0.24	58±1.4	72±29	104.6±12.6	78.1±12.3

2. 繁殖性能

开产日龄为180日龄，种蛋受精率为94%，受精蛋孵化率为98%，就巢性强。

3. 饲养管理要求

农户在饲养阳山鸡时，常用米拌上烧酒来喂小鸡，以提供保暖能力。阳山当地没有饲料厂，饲料均来自外地，传统的农户喂养方式是用米糠混合粥水来喂。

四、品种保护与研究利用

阳山鸡于1987年被收录进《广东省家畜家禽品种志》，2011年被收录进《中国畜禽遗传资源志·家禽志》；2009年被列入《广东省畜禽遗传资源保护名录》。阳山鸡是广东省六大优良鸡种之一。其体型优美，肌肉丰满，肉质嫩滑，有抗病力强、适应性好等特点。阳山有着饲养阳山鸡的悠久历史，但目前主要还是由农户自发零星散养，该品种面临较大退化风险。2005年9月，广东粤禽育种有限公司应阳山县政府和阳山县科学技术协会的邀请，在阳城镇闪光村成立阳山县阳山鸡有限公司。通过建立良种繁育中心和原种鸡场，开展阳山鸡保种、选育研究，有效地保护地方品种，保存优质鸡的种质资源，进一步发展壮大阳山鸡的养殖规模，打造优良的阳山鸡品牌，并带动众多农户致富。

五、品种评价

　　阳山鸡体型较大，耐粗饲，觅食能力和适应性都比较强，易肥育，如果加大力度进行提纯复壮，可以提高其经济效益。但阳山鸡也存在着长羽慢、产蛋少、蛋轻的缺点。在调查过程中，同其他地方鸡种一样，阳山鸡也不可避免地出现了杂交现象。据当地农业工作人员介绍，由于以前阳山交通不便，阳山鸡除了与石岐鸡杂交外，并没有与其他地方的鸡配套利用。1991年阳山鸡曾与穗麻、882等做过杂交，产生的杂一代呈慢羽，体型比较大。同时，由于阳山地势关系，虽然阳山鸡在市场上的价格比较高，但生产成本也高，且阳山鸡羽毛生长速度慢，冬天时极易冻死，养阳山鸡的农户根本不赚钱，建议在改善饲养条件的同时，对阳山鸡品种加强改良，从而使阳山鸡的生产更具潜力。

中山沙栏鸡

中山沙栏鸡，又称石岐鸡或三角鸡，中小型肉用鸡种。

一、一般情况

（一）中心产区及分布

中山沙栏鸡原产于中山三角镇一带，目前主要分布在中山，此外，佛山顺德区、广州番禺区亦有不少农户饲养。现在主要供应沙溪、番禺、中山等地。

（二）产区自然生态条件

中山地处北纬22°11′~22°46′，东经113°09′~113°46′，全境均在北回归线以南，地貌由山地、丘陵、台地、冲积平原和滩涂组成，中部稍高，四周平坦，地势低洼，平原高程一般在珠江基面 −0.6~1.5 m，全市 1/4 耕地低于珠江基面，有 90% 以上人口处于洪水警戒线以下生活。南亚热带季风气候，气候特征为光热充足、雨量充沛、干湿分明。市境太阳高度角大，全年境内各地均有 2 次太阳直射，太阳辐射能量丰富。终年气温较高，历年平均为 21.8℃。濒临南海，夏季风带来大量水汽，成为降水的主要来源，历年平均降水量为 1 748.3 mm。全市农业生产稳定上升，生产布局日趋合理，初步形成了一个"米袋子"和"菜篮子"并重、城郊型与外向型结合、示范基地与龙头企业并重的"三高"农业格局，建立了优质水稻、水产、畜牧、蔬菜、水果、速生丰产林、花卉及农副产品深加工等七大生产基地。

二、品种来源与变化

（一）品种形成

原中山县三角公社沙栏片属于高沙田区，境内河涌交错，交通方便，以产水稻为主，还有冬小麦、花生等农作物，是中山的主要粮食产区之一，当地农户素有饲养十多只母鸡的习惯。据调查，中山沙栏鸡是由顺德、东莞移来的居民带来并经群众长期选育而成的。此外，珠江三角洲地区的顺德、番禺等地也有不少农户喜欢养中山沙栏鸡。

（二）群体数量和变化情况

中山沙栏鸡总数约 5 万只，其中公鸡约 0.5 万只，母鸡约 4.5 万只。专业户饲养少的有 5

万~6万只，多的有5万~16万只，有的种鸡场有10万~20万只，但是多为杂种。

三、品种特征和性能

（一）体型外貌特征

1. 外貌特征

中山沙栏鸡公鸡多为黄色和枣红色，腹部有的有黑色和棕黄色（花胸）。母鸡多为黄色和麻色。胫部颜色有黄色、白玉色之分，以黄色居多，皮肤有黄色、白玉色，以白玉色居多。中、小型肉用鸡种，体躯丰满，胸肌发达，皮下脂肪少，脚细。公鸡头大小适中，多为直立单冠。母鸡头细小，单冠直立，冠小，有5~6个冠齿。冠、耳垂均为鲜红色，虹彩橙黄，喙黄而短，颈部长短适中。有慢羽的性状。

2. 体重和体尺

中山沙栏鸡（公）

中山沙栏鸡（母）

成年公鸡、母鸡体重和体尺数据见表4.12。

表4.12　300日龄沙栏鸡体重和体尺

性别	体重（g）	体斜长（cm）	胸宽（cm）	胸深（cm）	胸角（cm）	龙骨长（cm）	骨盆宽（cm）	胫长（cm）	胫围（cm）
公	2 278±283	26.23±1.15	8.38±0.51	10.53±0.94	64.93±4.23	12.92±0.99	10.09±1.4	8.81±0.45	4.8±0.37
母	1 487±253	22.42±1.14	6.49±1.11	9.16±0.8	65.4±5.06	10.45±0.83	8.38±0.67	7.26±0.37	3.9±0.34

(二)生产性能

1. 产肉性能

120日龄中山沙栏鸡屠宰性能数据见表4.13。

表4.13　120日龄中山沙栏鸡屠宰性能

性别	活重(kg)	屠体重(kg)	屠宰率(%)	半净膛重(kg)	半净膛率(%)	全净膛重(kg)	全净膛率(%)	腹脂重(g)	腿肌重(g)	胸肌重(g)
公	1.71±0.13	1.52±0.12	89±1.2	1.34±0.11	79±1.7	1.13±0.094	66±1.7	8.53±10.19	150.2±14.2	90.2±9.65
母	1.47±0.19	1.35±0.17	92±1	1.19±0.14	82±8.3	0.97±0.11	67±6.7	62.20±18.26	111.33±13.71	83.96±10.3

2. 繁殖性能

中山沙栏鸡在放养条件下，平均150~180日龄开产；在笼养条件下，平均147日龄开产，年产蛋数70~90个，平均蛋重45 g。种蛋受精率92%，受精蛋孵化率91%。母鸡就巢性弱。

四、品种保护与研究利用

中山沙栏鸡于1987年被收录进《广东省家畜家禽品种志》，2011年被收录进《中国畜禽遗传资源志·家禽志》；2009年中山沙栏鸡被列入《广东省畜禽遗传资源保护名录》。2003年底，中山市农业局选定中山市农业龙头企业潮兴家禽发展有限公司承担中山沙栏鸡保种重任。根据广东省农业厅公告2014年第10号，中山市潮兴家禽发展有限公司被确定为广东省中山沙栏鸡保种场。

五、品种评价

中山沙栏鸡是中山的传统名鸡，经过多年的培育，形成了独具特色的品种。该品种风味独特，肉质鲜美，皮下脂肪较少，适合当地群众对鸡风味和肉质的要求。但是在饲养过程中，人们也发现中山沙栏鸡较多疾病，不好饲养，这也在一定程度上限制了中山沙栏鸡种群的扩大和品种的推广。根据农户的反应，中山沙栏鸡就巢性不强，有的几乎没有，因此在鸡的就巢性研究方面，应该可以提供很好的实验材料。随着人们生活水平的日益提高，对鸡肉的品质也要求越来越高，中山沙栏鸡这种被称为"走地鸡"的土鸡，可以满足人们对肉质的要求，中山市政府也意识到这个问题的重要性，因此在2003年提出了保种计划并拨款，指定中山市潮兴家禽发展有限公司承担此重任。如何恢复纯系和怎样与市场较好地结合是近年来主要考虑的问题。

中 山 麻 鸭*

中山麻鸭属中小型蛋肉兼用鸭种。中山麻鸭及其加工副产品腊鸭和咸蛋，历来畅销广东及港澳市场，深受消费者欢迎。

一、一般情况

中山麻鸭原产于广东中山县（现改为中山市）。目前，除中山饲养数量较多外，主要分布于珠江三角洲一带，省内各地也有饲养。

二、品种来源与变化

中山位于珠江出口处，海岸线长，河涌交织，水产资源丰富，土地肥沃，气候温和，雨量充沛，水稻产量高，素有"鱼米之乡"之称。优越的自然环境和丰富的饲料资源，为养鸭业的发展和提高鸭种的生产性能提供了有利条件。

中山境内多属冲积沙田区，过去地多人少，劳力不足，中耕、收获粗放，且受台风、虫害影响，稻谷遗粒较多，害虫滋生，农药缺乏，害虫为害严重，因此，劳动人民在生产实践中利用养鸭进行中耕除草、捕虫、肥田和觅食遗谷。这种农牧结合的方式，由来已久，据《广东新语》《五山志林》记载，早在数百年前已经形成一套完善的农牧结合的生产制度。

劳动人民为了适应农牧结合，获得养鸭、种稻双丰收，对地方鸭种进行长期选育，使鸭群的外貌特征、生产性能基本一致。中山麻鸭数量多，分布较广，成为广东的地方优良鸭种。

三、品种特征和性能

（一）体型外貌特征

1. 外貌特征

公鸭头、喙稍大，颈粗大，体躯深长，跖较粗短，头羽花绿色，喙黄色或青色，黑喙豆，颈、背羽黑褐麻色，颈的下端有白色羽环，胸羽浅褐色，腹羽灰麻色，主、副翼羽黑褐麻色而带白边，镜羽翠绿色，尾羽褐麻或翠绿色，覆尾羽褐麻色，跖蹼橙黄色，虹彩褐色。母鸭头喙稍小，颈细长，体躯短，腹深广稍下垂，头羽褐麻色，脸羽色浅，喙泥黄色，黑喙豆，颈羽褐麻色，颈的下端有白色羽环，胸羽褐麻色，腹羽浅褐麻色，主翼羽深褐麻带白色，副

注：开展本次调查时，由于找不到中山麻鸭种群，所有资料均来自《广东省家畜家禽品种志》（广东科技出版社）。

中山麻鸭（公）

中山麻鸭（母）

翼羽、背羽、尾羽褐麻色，跖蹼橙黄色，虹彩褐色。

2. 体重和体尺

根据166只成年鸭的测定，其体重和体尺数据见表4.14。

表4.14 成年中山麻鸭体重、体尺

性别	只数	体重(g)	体斜长(cm)	胸深(cm)	龙骨长(cm)	盆骨宽(cm)	跖长(cm)	颈潜长(cm)	背潜长(cm)
公	33	1 690	20.1	6.54	11.23	5.51	5.38	33.1	46.85
母	133	1 700	18.99	6.43	10.74	5.47	5.09	29.46	41.99

（二）生产性能

1. 产肉性能

（1）生长速度

中山麻鸭生长速度的快慢与牧地优劣、饲料质量、季节气候和饲养管理等有密切关系。在群鸭放牧条件下，出壳雏平均体重48.4 g，30日龄平均体重417.06 g，80日龄平均体重1 368.93 g。

（2）屠宰率

据对63日龄的中山麻鸭测定结果，公鸭的平均体重1 460 g，半净膛重1 232 g，半净膛率84.37%，全净膛重992.5 g，全净膛率75.7%。母鸭的平均体重1 398 g，半净膛重1 272 g，半净膛率84.48%，全净膛重1 057.5 g，全净膛率75.67%。

2. **产蛋性能和繁殖性能**

产蛋量：中山麻鸭的产蛋性能与放牧条件优劣、补喂饲料的多少和鸭群的大小等因素有密切关系。在良好的放牧条件下，每只母鸭全年补喂稻谷35~40 kg，年产蛋180~220个，根据一群650只母鸭产蛋量统计，每只母鸭年产蛋量204.6个。

蛋重：根据对13 023个蛋称测统计，平均蛋重69.7 g（71.4~63.3 g）。蛋形指数为1∶1.48。蛋壳为白色。

性成熟期：中山麻鸭比较早熟，据对6群4 140只母鸭全年统计，母鸭开产期为130~140日龄，当地传统饲养，多以饲料控制的方法，使其至140日龄开产，以期获得初产蛋大和高产、稳产的母鸭群。

公、母配偶比例：通常为1∶20~25。

受精率和孵化率：据入孵13批61 304个种蛋统计，受精率平均为93.13%，受精蛋的孵化率（桶孵化法计）平均为88.7%（86.03%~91.4%）。

育雏率：据统计9群29 143只雏鸭，28~30日龄育雏期的成活率为93%~96%。

四、品种评价

中山麻鸭具有产蛋多、生长快、易肥育、肉质好等优点，是适应本省自然环境的优良蛋肉兼用型鸭种。1982年建立广东中山麻鸭场，现饲养种鸭2 000多只，尚需扩大鸭群进行提纯复壮，进一步提高生产性能。然后进行经济杂交，利用杂种优势，生产肉用仔鸭，以满足国内外市场需要。

狮 头 鹅

狮头鹅为大型肉用鹅种。

一、一般情况

（一）中心产区及分布

狮头鹅是我国唯一的大型鹅种，也是世界最大型鹅种之一，因前额和颊侧肉瘤发达呈狮头状而得名。狮头鹅原产于广东饶平县浮滨镇溪楼村，后传至汕头郊区及澄海，已有近300年的饲养历史。目前狮头鹅主要在粤东各地广泛饲养，其中潮州的饶平县、潮安县和湘桥区，汕头龙湖区和澄海区，揭阳揭东、榕城等地为主产区。

（二）产区自然生态条件

产区位于粤东沿海，东经116°14′~117°19′，北纬23°02′~24°14′。北回归线穿过潮州南部以及汕头市区北部。属南亚热带海洋性季风气候，温和湿润，阳光充足，雨水充沛，无霜期长，春季潮湿，阴雨日多；初夏气温回升，冷暖多变，常有暴雨，盛夏虽高温而少酷暑，常受台风袭击；秋季凉爽干燥，天气晴朗，气温下降明显；冬无严寒，但有短期寒冷。年日照2 000~2 500 h，年降水量1 300~1 800 mm，多集中在4—9月。年平均气温21~22℃。水源充沛，主要河流韩江、黄冈河自西北向东南斜贯两市全境。农作物一年可三熟，品种较多，素以种植水稻、小麦、甘蔗、花生、茶叶等经济作物为主。近年调整农业产业结构，有一部分冬闲田改种黑麦草，水田基本上实行稻—稻（或茨）—草的轮作方式，利用冬闲田种草，为养鹅业提供了大量优质牧草。

二、品种来源与变化

（一）品种形成

狮头鹅有一个品种形成的长期选择过程。根据饶平县浮滨镇溪楼村村史记载，在明朝嘉靖年间，该村张姓村民利用环村小溪和农副产品，从野生鹅类中选择出体型较大的禽种进行家养驯化、选择，最终繁衍出体壮、颈长、头部长有5个瘤且形极似狮头的鹅种，后定名为狮头鹅。随后狮头鹅传至原潮安县古庵乡及澄海县月浦乡。在现今的汕头澄海区，由于交通便利，鹅的品种来源较复杂，狮头鹅与当地原有的漳州鹅、竹种鹅（当地鹅种）等混杂，杂种经过群众的习惯经验性选留选出体型和外貌特征类似或接近狮头鹅的个体进行繁殖，逐渐形成目前饲养量最多的澄海狮头鹅。原产地狮头鹅还传至原揭阳县，经当地群众长期选育形成棕黑色羽毛、趾短的揭阳狮头鹅。

（二）群体数量和变化情况

狮头鹅目前主要分布在粤东各地，其中潮州的饶平、潮安和湘桥等地目前存栏6.2万只，汕头龙湖和澄海有150万只，揭阳揭东、榕城约有450万只，汕尾全市约5万只，梅州的丰顺有1.5万只。

三、品种特征和性能

（一）体型外貌特征

1. 外貌特征

狮头鹅全身背面及翼羽为棕色。由头顶至颈部背面棕色羽毛形成如鬃状的羽毛带，全身腹面羽毛白色或灰白色，棕色羽毛边缘色较浅，呈镶边羽。胫呈橙红色，有黑斑；皮肤为米黄色或乳白色；喙呈黑色；肉瘤质软呈黑色。头部近肉瘤处多有白色羽毛，明显者形成1条白色羽毛带。跖粗蹼宽，呈橙红色，有黑斑。狮头鹅躯体呈方形，腹部与腿内侧多有似袋形的皮肤皱褶。头大颈粗，前驱较高。公鹅昂首健步，姿态雄伟。母鹅性情温顺。狮头鹅之名由公鹅头部形似雄狮而得。前额肉瘤极其发达，呈扁平状，留种2年以上的成熟公鹅左右颊侧均各有一对大、小对称的黑色肉瘤，与覆盖喙上的前额肉瘤合称为"五瘤"。喙短（约

狮头鹅（公）

狮头鹅（母）

6.5 cm），黑色，质坚实，与口腔灰接处有角质锯齿，面部皮肤松软，眼皮凸出多呈黄色，外观眼球有下陷感，虹彩棕色。颌下肉垂发达，呈弓形，延至颈部及喙的下部。

2. 体重和体尺

成年公鹅、母鹅体重和体尺数据见表4.15。

表4.15 成年狮头鹅体重和体尺

性别	体重（kg）	体斜长（cm）	胸宽（cm）	胸深（cm）	龙骨长（cm）	骨盆宽（cm）	胫长（cm）	胫围（cm）	半潜水长（cm）	颈长（cm）
公	8.59±0.75	44.72±2.85	10.54±1.53	11.78±1.65	20.24±1.89	9.93±1.86	11.65±0.68	7.37±0.47	75.47±3.88	36.21±3.73
母	7.37±0.86	40.07±2.66	10.36±1.14	17.78±1.48	19.68±3.68	9.45±1.57	10.75±0.56	6.88±0.43	68.6±3.23	33.97±7.86

（二）生产性能

1. 产肉性能

（1）肉用鹅产肉性能

生产季节初期，出壳的雏鹅生长较快，随生产季节延长，雏鹅生长相应地延慢，上市适龄也延缓。据汕头白沙禽畜原种研究所2000年11月至2002年5月5批雏鹅饲养试验测定，狮头鹅肉用鹅（70日龄）产肉性能数据见表4.16。

表4.16 肉用鹅（70日龄）产肉性能

性别	测试数（只）	活重（g）	净增重（g）	屠宰率（%）	半净膛率（%）	全净膛率（%）	料肉比
公	50	6 500	6 365	83	80	71	2.7
母	50	6 000	5 880	86	82	72	2.9
平均		6 250	6 122.5	85	81	71.5	2.8

（2）成年鹅（2年龄）产肉性能

成年鹅（2年龄）产肉性能数据见表4.17。

表4.17 成年鹅（2年龄）产肉性能

性别	体重（g）	屠体重（g）	屠宰率（%）	半净膛重（%）	全净膛重（%）	骨肉比
公	8 300	7 435	89.53	7 112.5	6 562.5	0.41
母	7 250	6 395	88.17	5 905	5 330	0.518
平均	7 775	6 915	88.85	6 508.8	5 946.3	0.464

2. 繁殖性能

在充分饲养的条件下，母鹅开产日龄为 150~180 日龄。但产区习惯用放牧、粗饲的饲养方法，控制机体发育，使开产日龄延至 220~250 日龄。在正常的天气环境和饲养管理条件下，种蛋受精率为 85%，受精蛋孵化率为 90.2%。第一个产蛋年度，母鹅年产蛋 26 枚左右，平均蛋重为 176.3 g；两年以上母鹅年产蛋 30 枚左右，平均蛋重为 210 g。狮头鹅母鹅就巢性强，每产 1 窝蛋就巢 1 次。母鹅就巢期间，可全天不进食，只每天出巢饮水 1 次。自然孵化时，母鹅就巢期为 25~30 d；采用全程人工孵化，则大大缩短母鹅就巢时间。有个别母鹅在产 1 窝蛋后无就巢行为，无就巢性或就巢性弱的母鹅占总母鹅数的 5% 以下。

3. 饲养管理要求

狮头鹅的饲养以前以稻谷为主，目前多使用配合饲料。种鹅在产蛋期以配合日粮为主要饲料，并以谷壳为填充料，牧草则视供应情况而给食。在停产期，种鹅主要采食牧草，牧草以黑麦草、杂交狼尾草等为主，并视种鹅的体质而适当补充少量精料。种鹅采用小群圈养，每群约 120 只。育雏比较有效且实用的方法是采用"网上小群育雏、电热加温"的方法，饲养员将雏鹅分为若干小群，每群约 15 只，放在网上饲养，网上分为多个小格，每群一格，用红外线灯保温，周围用布等物围住以保温，并视气温而增减保温物，雏鹅脱温及移到地面饲养的日龄视天气而定。一般在 15~25 日龄，雏鹅饲料以黑麦草及小鹅料为主，至 30 日龄以后逐渐饲喂中鹅料，至上市前 15 d 改喂大鹅料（育肥饲料）。后备种鹅一般在 3 月下旬至 4 月上旬选留，选出的后备种鹅，饲养至第二次换羽以后，即进入粗饲期，此时除采食牧草外，只补充少量精料，防止体质过度下降。粗饲期正值炎夏，防止放牧时中暑是管理的关键。在粗饲期，公鹅一般不停给饲料，且饲料质量比母鹅饲料高，防止体质下降影响第二个季节的受精率。狮头鹅抗病强，小鹅瘟是威胁雏鹅的主要传染病，经注射"小鹅瘟强毒成鹅疫苗"的母鹅群，在全个生产季节中，产出的雏鹅仅对本病免疫，从根本上控制本病的发生。其他威胁雏鹅的主要传染病有禽流感、禽出败、鹅感染鸭瘟，其次是喉气管炎、曲霉菌病，母鹅产蛋期的生殖系统病。较普遍的寄生虫病是绦虫及羽虱。

四、品种保护与研究利用

狮头鹅于 1987 年被收录进《广东省家畜家禽品种志》，1989 年被收录于《中国家禽品种志》，2011 年被收录进《中国畜禽遗传资源志·家禽志》；2006 年被列入《国家级畜禽遗传资源保护名录》，2009 年被列入《广东省畜禽遗传资源保护名录》，2014 年再次被列入《国家级畜禽遗传资源保护名录》。2008 年，根据农业部公告第 1058 号，汕头市白沙禽畜原种研究所被确定为国家级狮头鹅保种场。2017 年，根据农业部公告第 2535 号，广东立兴农业开发有限公司也被确定为国家级狮头鹅保种场。

五、品种评价

狮头鹅是广东潮汕地区群众长期选育而成的优良肉用鹅品种,是我国最大型的鹅种,也是世界最大型鹅种之一,是一个具有独特外貌特征、体型及生产性能的稀有品种。其特点是体型大,肉用鹅生长快、饲养期短,耐粗饲,饲料转化效率高,屠宰率较高,适应性强,能适应我国南方各地不同气候和饲料条件。但也存在种鹅繁殖性能低,肉用鹅肉质较粗等缺点,而且目前农村饲养的狮头鹅存在一定程度的品种混杂、退化现象。为此,应把狮头鹅作为一个国家级优良品种资源予以保护和利用,可将狮头鹅作为改良其他地方鹅种生长性能的种质资源,也可利用狮头鹅培育我国的肥肝生产专用品种。为此,在现有基础上,应对狮头鹅进一步进行提纯复壮,改善缺点,提高生产性能尤其是繁殖性能;运用现代家禽品系培育及品系配套杂交的育种技术体系,建立具有不同特点的狮头鹅纯系,进行定向选育,包括进行肥肝性能的系统选育,为品种的多元化开发利用奠定基础。同时,应大力推进狮头鹅生产的产业化进程。为此,培育龙头企业、制订狮头鹅品种标准和饲养标准是当务之急。

乌 鬃 鹅

乌鬃鹅为小型肉用鹅种。

一、一般情况

（一）中心产区及分布

乌鬃鹅原产于广东清远县（即今清远市清新区、清城区）北江两岸的江口、源潭、洲心、附城等10个乡镇，现主要产区在清新区。清远的佛冈、英德，广州的花都、番禺、从化，佛山的南海、顺德、三水，肇庆的高要、四会以及珠海的斗门等地均有引种饲养。

（二）产区自然生态条件

产区位于广东省中北部，毗邻珠海三角洲，70%的面积是平原和25º以下山坡地。属典型的亚热带季风气候，年平均气温为20℃，最高气温为29℃，最低气温为2℃，雨水充沛，年平均降水量为2 000 mm，年均日照数为1 600~1 900 h，无霜期330 d以上。地下水丰富，北江河、大燕河、笔架河环绕城区而过，山塘水库星罗棋布，有迎咀水库、银盏水库、花兜水库等20多个。笔架河清城区段，总水源长度4 km，可开发利用面积1 850亩，笔架河上设有水库，水库正常水位3 200 m，集雨面积36 km^2，相应库容18万 m^3。土地肥沃，农作物以水稻为主，经济作物有蔬菜、花卉、水果、笋等，农副产品丰富，池塘河涌众多，水草繁茂，具有养鹅的良好自然条件。

二、品种来源与变化

（一）品种形成

乌鬃鹅饲养历史悠久，据《清远县志》记载，自宋朝起乌鬃鹅就为当地群众饲养，距今已有近千年的历史。新中国成立前乌鬃鹅已远销港澳地区，新中国成立以来，乌鬃鹅的饲养得到进一步发展，已成为广东省四大名优鹅种之一。

（二）群体数量和变化情况

20世纪80年代原产地平均存栏种鹅15万只，年饲养量达250多万只。目前原产地的种鹅存栏量有大幅度的下降，清远的清城、清新有存栏种鹅3万只，肇庆的鼎湖、四会存栏6.7

万只。其他分布地存栏情况不详。

三、品种特征和性能

（一）体型外貌特征

1. 外貌特征

乌鬃鹅体质结实紧凑，体躯宽短，背平。公鹅体型比母鹅大、呈榄核形，肉瘤发达，雄性特征明显；母鹅呈楔形，脚矮小，颈细而灵活，眼大适中，尾羽呈扇形，稍向上翘起。乌鬃鹅的特征可归纳为三黑、三细、一矮，即嘴黑、毛黑、脚黑，头细、颈细、骨细，脚矮。成年鹅的头部自喙基和眼的下缘起直至最后颈椎有一条由大渐小的鬃状黑色羽毛带。颈部两侧的羽毛为白色，翼羽、肩羽和背羽乌鬃，并在羽毛末端有明显的棕褐色镶边，故俯视呈乌棕色。胸羽灰白色，性羽灰黑色，腹尾的羽绒白色。在背部两边，有一条自肩部直至尾根2 cm宽的白色羽毛带，在尾翼间不被覆盖部分呈现白色圈带。后备鹅的各部羽毛颜色比成年鹅深。喙、肉瘤、跖、蹼均为黑色，虹彩褐色。

2. 体重和体尺

成年公鹅、母鹅体重和体尺数据见表4.18。

表4.18 成年乌鬃鹅体重和体尺

性别	体重（kg）	体斜长（cm）	胸宽（cm）	胸深（cm）	龙骨长（cm）	骨盆宽（cm）	胫长（cm）	胫围（cm）	半潜水长（cm）	颈长（cm）
公	3.45±0.34	30.7±1.35	8 452.35	9.23±0.84	15.2±0.79	6.11±1.09	8.64±0.47	5.11±0.36	62.36±3.8	27.65±3.84
母	2.93±0.27	28.25±1.52	7 832.51	8.83±1.18	14.06±0.74	6.76±1.66	7.93±0.43	4.7±0.35	57.17±2.85	25.79±3.47

（二）生产性能

1. 产肉性能

90日龄乌鬃鹅屠宰性能数据见表4.19。

表4.19 90日龄乌鬃鹅屠宰性能

性别	屠体重（kg）	屠宰率（%）	半净膛重（g）	全净膛重（g）	腿肌重（g）	胸肌重（g）	腹脂重（g）	皮脂重（g）
公	2.896±0.297	93.7±7.28	2 675±253	2 281±464	171.8±19.2	166.9±34.9	121.1±58.1	574.6±130.3
母	2.728±0.446	90.54±8.31	2 386±581	2 016±352.3	147.1±20.5	153.9±32.2	161.2±102.1	656.1±237.5

乌鬃鹅（公）

乌鬃鹅（母）

2. 繁殖性能

乌鬃鹅开产日龄为 140 d，种蛋受精率为 95%，受精蛋孵化率为 94.6%，开产蛋重为 133.8 g，平均蛋重为 144.5 g。就巢性很强，一般每个产蛋期就巢达 4~5 次。

3. 饲养管理要求

后备种鹅不宜过早粗饲，要待其第二次换羽完毕，才可逐步过渡到粗饲期，粗饲有利于培养耐粗饲能力，促进开产时间一致。成年种鹅分为停产期、产蛋准备期和产蛋期三个阶段。在停产期应结束产蛋期饲养，转入成天放牧的粗饲期，应把种鹅赶到青草充足的地方放牧，吃到更多的青料，增大肠容积；产蛋准备期逐渐补喂精料，增加体重，开始人工拔羽，应早出晚归，防止中暑；产蛋期应把产蛋与未产蛋的母鹅分群饲养，以舍饲为主，放牧为辅。稻谷喂量每顿 150 g 左右，一日三餐，保证营养均衡。

四、品种保护与研究利用

乌鬃鹅于 1987 年被收录进《广东省家畜家禽品种志》，1989 年被收录于《中国家禽品种志》，2011 年被收录进《中国畜禽遗传资源志·家禽志》；2006 年被列入《国家级畜禽遗传资源保护名录》，2009 年被列入《广东省畜禽遗传资源保护名录》，2014 年再次被列入《国家级畜禽遗传资源保护名录》。2008 年，根据农业部公告第 1058 号，清新县乌鬃鹅良种场被确定为国家级乌鬃鹅保种场；2014 年，根据农业部公告第 2234 号，变更清远市金羽丰鹅业有限公司为国家级乌鬃鹅保种场。根据广东省农业厅公告 2014 年第 10 号，清远市雁鹅园农牧有限公司被确定为广东省乌鬃鹅保种场。

五、品种评价

乌鬃鹅肉嫩味美、瘦肉率高，含丰富粗蛋白、不饱和脂肪酸而胆固醇含量低，被视为美味和保健食品。由于种种原因，近年来该品种数量逐渐减少，生产性能逐渐降低，濒临灭绝。对清远乌鬃鹅的提纯复壮及选育推广迫在眉睫。乌鬃鹅具有很多优异的遗传特性，产品有很强的相对市场优势，但是过低的生产性能和传统的饲养方式，限制了乌鬃鹅产业的大规模发展。建议今后开发利用的主要方向是：一方面建立保种开发基地，从原始群选择出基础群，进行群体的提纯复壮，建立保种核心群。另一方面通过适度杂交的方式引入其他繁殖性能较高的品种的血缘，建立专门化品系以改良乌鬃鹅的繁殖性能。

马 冈 鹅

马冈鹅为中型肉用鹅种。

一、一般情况

(一)中心产区及分布

马冈鹅原产地为广东开平马冈镇。目前马冈鹅主要分布于开平全市,还分布于佛山、肇庆、湛江、广州等地,广西也有少量引种。《中国畜禽遗传资源志·家禽志》载"马岗鹅",应为"马冈鹅"。

(二)产区自然生态条件

开平地处珠江三角洲西南部,东经112°14′~112°48′,北纬21°58′~22°41′。属南亚热带季风气候区,靠近南海,夏秋之交多强台风,台风带来充沛雨量,市区河流环绕,水域面积宽阔,冬无严寒,夏无酷暑,温和多雨,四季如春。年均气温21.7℃,湿度82%,年降水量1 700~2 400 mm,集中在4—9月。水源丰富,有潭江、苍江相会,其支流纵横分布全市,有四大水库和山塘314处,鱼塘面积约1 300 hm^2,土地肥沃。农作物以水稻、番薯、木薯、花生、蒜头及蔬菜为主。境内有许多适于放牧鹅的河湾、草地和丰富的农副产品等,具备发展养鹅的优越自然条件。

二、品种来源与变化

(一)品种形成

据调查,1925年由马冈区翠山乡(今马冈镇翠山管理区)农户梁奕德引入高明三洲公鹅与阳江母鹅杂交,经长期重视外貌特征和生产性能的选择,将具有乌头、乌颈、乌背、乌脚、生长快、肉质好、体型大、产蛋多的鹅留作种用,从而形成现在的马冈鹅。

(二)群体数量和变化情况

马冈鹅总数约为37万只,其中公鹅约15万只,母鹅约22万只。目前肇庆四会分布有17万只,江门开平、台山、鹤山、新会和恩平有20万只。

三、品种特征和性能

(一)体型外貌特征

1. 外貌特征

初生雏鹅咀、脚呈黑色,背部绒毛深绿色,腹部绒毛黄白色,体侧有浅黄点、头圆、颈短、脚矮。成年种鹅具有乌头、乌颈、乌背、乌脚(统称四乌)的特征。胸宽、腹平、体躯呈长方形,跖粗、蹼宽大,头、背、翼羽为灰黑色,颈背有1条黑色鬃状羽带,胸羽灰棕色,腹羽白色、肉瘤、喙、跖、蹼均为黑色。头较长、喙较宽、肉瘤圆而向前突出,虹彩棕色,颌下无咽袋、颈较长。公鹅体型大而紧凑,头大而较长,呈方形,眼大有神,喙短宽而微弯,颈粗直而长,肩宽。胸宽而深,腹部平,羽面宽大而有光泽,尾羽开张平展,脚高粗直、步态雄壮。母鹅头圆而小,颜面清秀,眼睛有神、和善,颈细长,身长而圆、前躯较浅窄,后躯深而宽并向上翘起,臀部宽广,形状呈"瓦筒形"。羽毛细致而有光泽,两脚结实,间距较宽。

马冈鹅(公) 马冈鹅(母)

2. 体重和体尺

成年公鹅、母鹅体重和体尺数据见表 4.20。

表4.20 成年马冈鹅体重和体尺

性别	体重（kg）	体斜长（cm）	胸宽（cm）	胸深（cm）	龙骨长（cm）	骨盆宽（cm）	胫长（cm）	胫围（cm）	半潜水长（cm）	颈长（cm）
公	5.21±0.51	35.17±2.06	9.67±1.31	10.47±0.92	15.62±1.07	7.01±0.90	9.51±0.66	5.78±0.31	67.58±2.63	29.33±2.72
母	3.37±0.41	28.31±2.58	8.22±1.40	8.86±0.98	14.01±0.66	6.71±1.07	8.24±0.51	4.91±0.31	57.72±3.51	24.83±2.49

（二）生产性能

1. 产肉性能

90日龄马冈鹅屠宰性能数据见表4.21。

表4.21 90日龄马冈鹅屠宰性能

性别	屠体重（kg）	屠宰率（%）	半净膛重（g）	全净膛重（g）	腿肌重（g）	胸肌重（g）	腹脂重（g）	皮脂重（g）
公	3.85±0.38	92±0.1	3 560±405	3 084±302	237.7±22.6	183.9±26.2	231.7±94.5	665.4±166.9
母	3.31±0.33	92±0.1	3 069±314	2 597±246	195.8±22.6	176.8±21.3	232.9±80.3	616.5±110.9

2. 繁殖性能

马冈鹅开产日龄为140~150日龄，种蛋受精率为81.3±2.5%，受精蛋孵化率为89.6±2.6%，种母鹅在一般情况下年产蛋4窝，年平均产蛋量34~35枚，在良好饲养条件下，采取机械孵化，母鹅年产5窝，年平均产蛋量37.1±1.1枚，平均蛋重168.7 g（156.73~180.67 g）。每产一窝蛋后，就巢一次，全年的就巢时间达4个月之久。

3. 饲养管理要求

（1）后备种鹅饲养管理

80~140日龄（开始产蛋）的后备种鹅，应逐渐转入粗饲，控制体态不过肥、不过早产蛋，使开产期一致。如牧场良好，母鹅可不喂精料，公鹅适当喂一些精料，使维持一定体重，产蛋前6周增加人工光照，使光照时间达16~17 h。

（2）成年种鹅的饲养管理

据种鹅的生产过程，分为产蛋期、休蛋期，各个时期的饲养管理要求如下：

①产蛋期。产蛋期每年由6—7月开始至次年的3—4月。一般把产蛋期中的母鹅分为产蛋鹅群、将产蛋鹅群和就巢鹅群，各鹅群应分群管理。产蛋鹅群应将公鹅的70%配以合群，每百只鹅应有45~60 m²的水上运动场，日喂料250 g，日喂精料2~3次，于近地放牧。将产蛋鹅群母鹅醒巢后要经14~25 d才开始产蛋，此期鹅群应将公鹅的30%配以合群，日喂精料

170 g，于较远牧场放牧。就巢（期）鹅群，母鹅产完一造蛋后就发生就巢现象，就巢 10~15 d 则放入将产蛋鹅群，蛋更换母鹅继续孵化。就巢鹅群每隔一天（上午）放出喂料 50 g，喂完料后进入塘中洗澡吃草，赶上岸后要等毛干后才放回栏中孵蛋。

②休产期。每年 3 月、4—6 月、7 月母鹅停止产蛋，此期可分为粗料期和产蛋前期进行饲养管理。粗料期，母鹅停止产蛋后应每天逐渐减少精料，牧场良好可不喂精料，反之每日喂精料 50 g 左右，为期 50~60 d。开始粗饲一个月后，种鹅羽毛大部分干枯，便施行人工拔羽，公鹅比母鹅提早 20 d 左右拔羽，拔羽应在温暖的晴天进行。产蛋前 20 d 应开始补料，每天喂料 2~3 次，喂料约 180 g，公鹅应比母鹅提早 20 d 补料，到配种期，将公鹅、母鹅混群饲养，进入产蛋期。

四、品种保护与研究利用

马冈鹅于 1987 年被收录进《广东省家畜家禽品种志》，2011 年被收录进《中国畜禽遗传资源志·家禽志》；2009 年被列入《广东省畜禽遗传资源保护名录》。

五、品种评价

马冈鹅是用杂交选育方法获得成功的新品种，具有体型大小适中、生长快、耐粗饲料、易养、早熟易肥、肉质鲜嫩及屠宰率高等优点，很受当地群众和港澳市场欢迎，出口量日益增加。应重视良种场的建设，加强本品种的系统选育，重点是提高其产蛋繁殖性能，并做配套杂交利用工作。在饲料营养方面，应在总结传统饲养经验的基础上，制订合理的饲料配方，以利用发展集约化养鹅生产，进一步发挥马冈鹅的优良遗传性能，提高生产效益。

阳 江 鹅

阳江鹅又名阳江黄鬃鹅，为小型肉用鹅种。

一、一般情况

（一）中心产区及分布

阳江鹅因中心产区位于原阳江县（包括今阳江市江城区、阳东区、阳西县）而得名，主要分布于阳东塘坪、北惯、大沟等乡镇，附近阳春、电白、恩平等县区也有分布。

（二）产区自然生态条件

阳江位于广东西南部，地处东经111°16′35″~112°21′51″，北纬21°28′45″~22°41′02″。陆地总面积7 813.4 km²，其中丘陵面积占26.03%，山地面积占42.73%，平原面积占22.17%，地势由北向南倾斜，草地较多。产区处于北回归线以南，属亚热带气候，雨量充沛，气候温和，年平均气温23℃，年平均降水量一般为2 345 mm左右，雨水分布不均匀，夏季、秋季多台风雨，全年无霜期约350 d，偶有低温霜冻。阳江海岸线长341.5 km，主要岛屿有30个，岛岸线长49.3 km。依山傍海，东北有天露山屏障，西北有云雾山环绕。境内最高山峰为望夫山脉的鹅凰嶂，海拔1 337 m，最长河流为漠阳江，全长199 km，南北贯穿全市，自北向南流入南海。产区适宜种植水稻、玉米、甘薯、小麦等粮食作物，还盛产蔬菜，为养鹅提供良好的自然条件和丰富的饲料来源。

二、品种来源与变化

（一）品种形成

当地劳动人民素有养鹅的习惯，阳江鹅经长期选育而成。距今已有500多年历史。

（二）群体数量和变化情况

在20世纪60~70年代，阳江鹅以其肉质优良而大宗销往港澳和东南亚地区。20世纪80年代以后由于生产者片面追求经济效益盲目杂交，该品种濒临绝种。据1997年的调查，阳江鹅仅在阳江个别边远乡镇发现130只具有典型特征的种鹅。1998年后经阳江市畜牧局的抢救性保种繁育，至今具有了1 000余只规模的纯繁群体。

三、品种特征和性能

(一)体型外貌特征

1. 外貌特征

阳江鹅体型细致紧凑,体躯呈长方形,胫部较长。公鹅躯干似"船底形";母鹅肩部稍窄,后躯发达,躯干似"瓦筒形"。母鹅头小颈长,公鹅头颈较粗、肉瘤发达,眼大有神。自头顶部至颈背部有1条棕黄色的羽毛带,形似马鬃。全身羽毛紧贴,背翼和尾为棕灰色,胸羽灰黄色,腹羽白色。喙、肉瘤黑色,胫、蹼橙黄色,虹彩棕黄色。

阳江鹅(公)

阳江鹅(母)

2. 体重和体尺

成年公鹅、母鹅体重和体尺数据见表4.22。

表4.22 成年阳江鹅体重和体尺

性别	体重(kg)	体斜长(cm)	胸宽(cm)	胸深(cm)	龙骨长(cm)	骨盆宽(cm)	胫长(cm)	胫围(cm)	半潜水长(cm)	颈长(cm)
公	3.74±0.35	34.6±1.96	9.1±0.72	9.53±0.96	15.25±0.52	7.68±0.59	9.03±0.62	5.27±0.34	62.17±2.18	28.41±1.5
母	3.33±0.39	32.14±1.99	8.05±0.67	8.91±0.97	13.95±0.82	6.65±0.81	8.13±0.41	4.89±0.27	56.46±3.59	26.52±1.81

（二）生产性能

1. 产肉性能

（1）生长速度

在一般条件下，90日龄体重可达3.5 kg，饲养好的年鹅（春节鹅）90日龄可达6.5 kg，根据不同群别测定的肉鹅一般都能达到上述指标。阳江鹅不同日龄体重数据见表4.23。

表4.23 阳江鹅不同日龄体重

项目	15		30		60		90	
	平均	范围	平均	范围	平均	范围	平均	范围
体重（公）（kg）	0.48	0.38~0.57	1.8	1.5~2.1	3.5	3.1~4.2	6.2	5.5~6.8
体重（母）（kg）	1.45	0.41~0.55	1.4	1.2~1.7	2.8	2.5~3.3	4.3	3.6~4.5

（2）屠宰率

阳江鹅皮薄肉嫩，饲养时间都在80~95日龄才宰杀（个别的养到100~110日龄屠杀），这阶段肉鹅基本可达到体成熟，体内积有一定量的脂肪。在70日龄屠杀的肉鹅，公鹅、母鹅屠宰率分别为83.4%和83.8%。但饲养到95~100日龄的肉鹅肉质更鲜，屠宰率更高，经济效益更好。

2. 繁殖性能

阳江鹅开产日龄为150~160 d，种蛋受精率为83.9%，受精蛋孵化率为91.1%。每年由7月至次年2月为产蛋季节，全期产蛋4窝，在自然孵化的条件下，300日龄产蛋数26枚（24~32枚），平均蛋重141.4 g。就巢性强，每产完一窝就巢一次，每次就巢20~25 d，年总就巢80~100 d。

3. 饲养管理要求

（1）雏鹅的饲养管理

雏鹅出壳24~36 h进食为好，前3日白天喂4~5次，晚上加喂2次，5~10 d可逐渐增加饲喂次数。饲料以青料为主，米饭和配合饲料为辅，应保证矿物质和维生素的平衡。管理方面要注意保温、防湿、分群、清洁卫生与防暑，把病鹅及时隔离。

（2）成年鹅的饲养管理

以喂青料或者放牧为主，适当补充精料如稻谷等。每只鹅每日采食青料2~3 kg，补喂精料1~1.5 kg，晚间补喂3~4次。管理方面放牧时注意夏天要早出晚归，保持清洁，注意防暑和防病。

四、品种保护与研究利用

阳江鹅于1987年被收录进《广东省家畜家禽品种志》，2011年被收录进《中国畜禽遗传资源志·家禽志》；2009年被列入《广东省畜禽遗传资源保护名录》。

五、品种评价

阳江鹅是广东省地方鹅品种中的小型鹅种，以肉质优良著称。生长快、皮下脂肪比较薄、肉质鲜美，可用于制作白切鹅。该品种具有善于放牧采食、耐粗饲、抗病力强等优点。但母鹅就巢性强，繁殖性能不高。目前该品种的种群数量处于濒危状态，必须大力加强品种保护，扩大纯繁群体数量，在此基础上保持和发展其肉质优良的特点，并向高档优质型肉鹅的方向开展产业化的开发利用。

中山石岐鸽

中山石岐鸽又称中国石岐鸽，是我国著名的肉鸽品种。

一、一般情况

（一）中心产区及分布

中山石岐鸽原产地为广东中山石岐镇，主要分布于中山及周边城镇。1990年以来，已扩展到福建、广西、四川、安徽、新疆、黑龙江等20多个省市。

（二）产区自然生态条件

中山位于东经113°4′，北纬22°3′。中山气候属热带边缘湿润季风区，气候温和、雨量充沛、四季分明、日光充足，年平均气温22℃，年平均降水量为1 205 mm。

二、品种来源与变化

（一）品种形成

据有关资料记载，早在1915年，香山县（今中山市，毗邻港澳）的旅外华侨回国探亲时带回了王鸽、仑替鸽和大贺姆鸽等著名鸽种，与本地鸽交配，育成了初期的中山石岐鸽，并经中山、香港、澳门等地养鸽人士不断改良形成了目前已定型的、驰名的中山石岐鸽，是一种肉质鲜嫩多汁，生产性能高，肉质鲜美且带有丁香味，耐粗易养的肉鸽品种。中山石岐鸽一经育出后，因其优质、高产、耐粗饲而声名远播；以中山石岐鸽为亲鸽生产的石岐乳鸽，因优质、美味早已在港澳地区闻名。中山石岐鸽经过多年的长期选育种积累而成，也是近几年来我国肉鸽养殖中培育新型肉用鸽品种的优秀的育种素材。现在，国内许多肉鸽品种均含有中山石岐鸽的优良血统。

（二）群体数量和变化情况

20世纪80年代中山石岐鸽产区饲养量约为4万只，1990年达到12万只。1998年，根据中山石岐鸽生产性能特点，强化选育和进行提纯复壮，使中山石岐鸽生产性能和饲养利润大幅度增加，饲养量逐年上升。2008年底，中山市石岐鸽场饲养核心育种群已超过5万对。目前全国饲养量已超过100万对。

三、品种特征和性能

(一)体型外貌特征

1. 外貌特征

中山石岐鸽羽色较多，有白色、灰二线、红色、雨点、浅黄等，因白色中山石岐鸽体型优美、肤色好及生产性能较好，受广大养鸽场及食客的喜爱，因而目前以白色中山石岐鸽为主。体躯较长，翼及尾部也较长，形状如芭蕉的苞蕾。平头光胫，鼻长嘴尖，眼睛较细，胸圆。公鸽头较圆，额稍凸出，颈较粗，鼻瘤较大，鼻瘤粉白色基部具有皱纹，嘴甲较阔。母鸽头较细，额不凸出、额较斜，颈较细，鼻瘤较小较嫩，较温顺。

2. 体重和体尺

中山石岐鸽的体重和体尺数据见表4.24。

表4.24 中山石岐鸽的体重和体尺

类型	性别	体重（g）	体斜长（mm）	龙骨长（mm）	胸围（mm）
成鸽	公	707	130.6	101.1	26
	母	668	127.9	96.4	25.8
育成鸽	公	712	138.7	98.8	26.3
	母	670	137.8	97.5	25.7

注：数据为2007年3月在中山市食品进出口公司石岐鸽场测定，成鸽420日龄、育成鸽150日龄，公母各30只。

(二)生产性能

1. 产肉性能

(1) 体重

在舍饲条件下，28日龄平均体重为616 g。育雏期（0~18日龄）成活率为96%，育成期（18~150日龄）成活率为97.8%。中山石岐鸽各日龄平均体重见表4.25。

表4.25 中山石岐鸽各日龄平均体重

日龄	初生重	1	2	3	4	5	6	7	8
体重	19.5	28.7	48.2	79.5	112.3	154.4	191.2	223.5	257.2
日龄	9	10	11	12	13	14	15	16	17
体重	287.2	335.7	366.5	392.4	415.6	448.3	466.4	487.3	507.2
日龄	18	19	20	21	22	23	24	25	26
体重	524.1	538.4	547.5	552.7	563.5	571.9	579.6	584.8	590.2
日龄	27	28							
体重	596.1	602.3							

中山石岐鸽（公）

中山石岐鸽（母）

（2）屠宰测定

石岐乳鸽屠宰性能数据见表4.26。

表4.26　石岐乳鸽屠宰性能

日龄	活重（g）	屠体重（g）	屠宰率（%）	半净膛重（g）	半净膛率（%）	全净膛重（g）	全净膛率（%）	腿肌重（g）	占活重率（%）
28	592.6	512.6	86.5	473.5	79.9	441.5	66.1	37.8	6.4

注：1. 测验所用乳鸽乃经产鸽自然哺育长大至28日龄，测前12 h离笼，活体重乃宰前空嗉测得平均重量。
2. 数据为2003年在中山市食品进出口公司石岐鸽场测定，测定乳鸽随机抽取不分公母，测定数量为30只。

（3）肉品质

中山石岐鸽肌肉主要成分见表4.27。

表4.27　中山石岐鸽肌肉主要化学成分

日龄	水分（%）	干物质（%）	蛋白质（%）	脂肪（%）	灰分（%）
18	70	28.65	24.5	6	1.35

注：样品为胸、腿肌肉各50%混合样品，2003年中山市产品质量监督检验所检测。

2. 繁殖性能

（1）开产日龄

中山石岐鸽开产日龄为160~180 d，175日龄时可达到5%的产蛋率，在人工配对后7~15日龄可产下第一枚蛋。

（2）生产能力

石岐鸽在自然孵化和自然哺育的条件下，产鸽年可产蛋22~25只，蛋的受精率为90%~92%，蛋重24~26 g，育成率为89%~92%，年可育成28日龄乳鸽16~19只。

（3）生产利用期

亲鸽生产年限长达6年，个别达10年。最佳可利用期为1~5年，年可育成乳鸽16~19只，5年后生产性能下降，一般不再利用。

四、品种保护与研究利用

中山石岐鸽于2011年被收录进《中国畜禽遗传资源志·家禽志》，2017年被列入《广东省畜禽遗传资源保护名录》。根据广东省农业厅公告2017年第12号，中山市石岐鸽养殖有限公司白石分公司被确定为广东省石岐鸽保种场。石岐鸽场保护采用个体选择和家系随机选配方法继代繁殖。

中山石岐鸽品种选育在中山市石岐鸽场进行，由广东省家禽科学研究所、华南农业大学和佛山科学技术学院等提供技术支持。20世纪80年代开展中山石岐鸽的群体选育，重点针对中山石岐鸽的品种特性进行整理，提高体型外貌和生产性能的整齐度。1998年起同广东省家禽科学研究所合作开展中山石岐鸽高产、提纯复壮选育研究，取得了较好的选育效果。2005年开始组建家系。在资源保护的同时，按照产蛋量高，蛋重大，蛋、肉品质优良等基本要求建立家系，采取群体选择与家系选择相结合的方式进行选育。

五、品种评价

中山石岐鸽经过近百年的精心选育，群体遗传性能稳定，易养耐粗饲，对我国不同地域环境和气候的适应性强，对疾病的抵抗力强。乳鸽品质优良，胴体米黄、质量好，具有骨细、肉嫩滑、香味特别等特点。

中山石岐鸽是我国目前保护最好的肉用种鸽，也是我国目前在肉鸽饲养业上最著名的地方品种。自20世纪80年代我国开始规模化、集约化饲养肉鸽以来，许多养鸽场利用引进的肉鸽品种同我国的地方品种（主要以中山石岐鸽为主）进行杂交。因此，近年来不少杂交品种都含有石岐鸽的血统，例如香港改良王鸽、光华王鸽和良田配套系等都是利用中山石岐鸽进行杂交改良的，目前全国中山石岐鸽存栏量约100万对。中山石岐鸽对我国鸽业的发展和丰富市民菜篮子起了较大的作用，是我国鸽业中的主要品种。

蜜　　蜂

概　述

广东省家养的蜜蜂主要有两种，一种是中国土生土长的蜂种——东方蜜蜂，另一种是由国外引进的蜂种——西方蜜蜂，它们在分类学上属于节肢动物门（Arthropoda）、昆虫纲（Insecta）、膜翅目（Hymenoptera）、细腰亚目（Apocrita）、针尾部（Aculeata）、蜜蜂总科（Apoidea）、蜜蜂科（Apidae）、蜜蜂亚科（Apinae）、蜜蜂属（Apis）。

中华蜜蜂，简称中蜂，是中国境内东方蜜蜂的总称，广泛分布于除新疆以外的全国各地，特别是南方的丘陵、山区。在被人类驯养以前，一直处于野生状态，现在，在各地山区仍分布着数量众多的野生蜂群。它们在树洞、石缝、地穴中筑巢。在西方蜜蜂引进中国以前，各地饲养的蜜蜂（从圆桶饲养到活框饲养）均为中蜂，多数中蜂一直处于野生、半野生状态。

在长期自然选择过程中，各地中蜂不但对当地的生态条件产生了极强的适应性，形成了特有的生物学特性，而且其形态特征也随着地理环境的改变而发生变异，例如个体大小由南往北、由低海拔往高海拔处逐渐增大；体色由南往北、由低海拔往高海拔处逐渐变深，形成许多适应当地特殊环境的类型。

1793年，法国人Fabricius将从中国福建沿海采集到的蜜蜂标本定名为东方蜜蜂（Apis cerana Fabricius）。

根据近年来国内外研究现状，可将中国的东方蜜蜂（中华蜜蜂）分为北方中蜂、华南中蜂、华中中蜂、云贵高原中蜂、长白山中蜂、海南中蜂、阿坝中蜂、滇南中蜂和西藏中蜂9个类型，具体对中华蜜蜂的分类有待进一步研究。

广东省养蜂业和蜂产品应用历史也很悠久。公元前206年至公元194年，汉朝《西京杂记》中就有"南越用蜂蜡制作蜡烛为贡品"的记载。公元887年，唐末广州司马刘恂在他所著的《岭南异录》中记述了采摘蜂蛹并盐烙的过程，为广东蜂产品应用的最早记录。

900多年前，宋朝大诗人苏轼（公元1037—1101年）被贬到广东惠州时，看了养蜂人用艾草烟熏驱赶、收捕分蜂群的情景后，写下了《收蜜蜂》一诗，介绍了当地蜜蜂分蜂和养蜂者收捕蜜蜂的过程，是广东省最早的养蜂记载。

公元1763年《博罗县志》记载：阳春县多养蜂，以蜜作货销售。各乡虽有养蜂，但酿蜜甚少，如有专家从事改良选新种以新法畜之亦一大利源。此为广东省蜜蜂商品生产的记录，并指出了广东省养蜂业存在的问题及解决的途径。其时饲养的中蜂都是以竹笼、木桶、空心的树筒等为蜜蜂筑巢用具，蜜蜂处于自生自灭状态，且只能毁巢取蜜，产量低，效益也低。这种传统养蜂方式一直延续到20世纪初。

1913年，罗定谭启秀将军从加拿大引进属于西方蜜蜂的意大利蜂（简称意蜂）在广州饲养，使广东省首次有了外来蜂种。虽然现代的活框饲养技术也同时引进，但由于未能掌握其他相关饲养技术而告失败。1913—1927年，广东省数次从国外引进意蜂，共计2 300群，但都由于技术措施未跟上而失败。在这段时间，出现了中蜂专业饲养场。

20世纪30年代初期，受国内其他省引进意蜂成功经验启发，广东省又再次引进意蜂，并一举成功，全省发展成为专业蜂场的有100多家，其中颇具规模的有10多家，最多的蜂场有500箱意蜂，此时意蜂成为广东省的主要当家品种。而中蜂除个别专业场外，多为传统方法饲养。形成了专业蜂场以意蜂为主、中蜂为辅并养的局面，这时广东饲养意蜂的技术，已居全国领先地位。

随着西方蜜蜂的引进，西方蜜蜂的现代饲养技术也一并带来。出身于养蜂世家的东莞人卫实圕，在参照西方蜜蜂的饲养技术，把中蜂改为现代的活框饲养，是广东省现代养中蜂的先行者。为了满足现代养中蜂技术配套的需求，卫实圕还创立了广东省第一间巢础加工厂。

在西方蜜蜂现代活框饲养技术的影响下，1934年广东省建设厅农林局在国内率先建立了广东省中蜂研究所，专门从事中蜂饲养技术改良研究。其时，该所的张进修主任，根据广东省的自然条件，设计了适于中蜂的蜂箱和巢框，取名进修式蜂箱。该蜂箱在东莞等地试用，取得了成功，每群蜂产蜜量达到25 kg以上。

20世纪30年代，广东省形成中蜂、西蜂并养的局面，现代养蜂技术在中蜂饲养上得到应用，养蜂业发展迅速，产量逐年增加，蜂蜜出口到东南亚，为广东省蜂产品出口的开始。

抗日战争时期及此后的战乱，广东省养蜂业遭受到严重破坏，仅个别的西方蜜蜂场得以保存下来，绝大多数中蜂场又回到传统饲养的状态。

20世纪50年代开始，广东省养蜂业发展迅速，但专业蜂场仍以饲养意蜂为主。山区则以中蜂定地饲养为多，并逐渐向现代活框饲养改造，使中蜂产量大大提高，促进中蜂饲养数量迅猛增加，全省各地都有了专业养中蜂的蜂场。1957年，全省有活框饲养的中蜂达到20万群。由于广东省的中蜂饲养全面推广活框技术，产量和蜂群数量都迅速增加，1959年农业部和商业部联合在广东从化召开"中蜂活框蜂箱饲养"现场会议，对广东省养蜂业起到推动作用。

20世纪60年代，由于受螨害和自然灾害等的影响，致使广东省大部分意蜂蜂场停业，1963年当年全省有蜂群28万群，中蜂就占27万群。开始形成"中蜂为主，西蜂为辅"的养蜂局面。

20世纪60年代末到70年代初是广东省养蜂业蓬勃发展时期，全省蜂群增加至40多万群，中蜂占90%以上。但1972年，广东省首次暴发了中蜂囊状幼虫病，由于该病为病毒病，没有药可治，加上第一次发生，蜂群没有抗性，损失的中蜂超过20万群。

1972—1976年，由于中蜂囊状幼虫病的影响，部分养中蜂的蜂农，改养西方蜜蜂，这时广东省饲养的意蜂数量有所上升，达到40%左右。

1976年以后，中蜂囊状幼虫病得到控制，中蜂的饲养数量又开始上升；1976年，农业部"南方中蜂生产区协作委员会"（后改名为"全国中蜂协作委员会"）在广东河源召开第一次会议，对广东省的中蜂业起到很大的促进作用。到20世纪70年代末全省蜂群量已超过发病前，达到42万群，其中中蜂37万群以上。

20世纪80年代由于山区的开发，广东省两大蜜源（山乌桕和鸭脚木）受到破坏，广东省的养蜂业受到严重影响，到20世纪80年代末，全省蜂群量只有28万群，其中中蜂约为20万群。

20世纪90年代开始，由于政府加强封山育林工作，加强对蜂农的技术培训，使养蜂业又得到恢复，到20世纪90年代末，全省蜂群量达到40万群，其中意蜂约为10万群。

21世纪开始，广东省的蜂群数达到历史最好水平，2004年底，广东有蜂群45万~48万群，其中西方蜜蜂约为5万群。

但2004年和2005年冬天，广东省暴发了中蜂囊状幼虫病，造成巨大损失，2005年全省中蜂损失约23万群，达到50%以上。

此后，由于国家蜂产业技术体系的成立，加强对蜂农的培训，促进新技术的推广，使广东养蜂业迅猛发展，至2011年底，全省拥有蜜蜂约为65万群，其中中蜂约为60万群，更进一步奠定了广东省"以中蜂为主的"的养蜂局面。

华 南 中 蜂

华南中蜂是中华蜜蜂的一个类型。

一、一般情况

（一）中心产区及分布

华南中蜂是广东省饲养的主要蜂种，在全省各地都有分布。主要分布在惠州、河源、梅州、茂名和清远等地，每市有蜂群 8 万群以上，以山区和丘陵地区饲养为主。

（二）产区自然生态条件

华南中蜂主要繁衍生息于海拔 800 m 以下的丘陵和山区，其繁衍生息区内蜜蜂植物丰富，据初步调查达 168 种以上，蜜源植物有荔枝、龙眼、山乌桕、桉树、柃属植物、鸭脚木等，为华南中蜂的存活提供了物质基础。但由于夏季缺乏蜜源，蜂群进入度夏期即停止繁殖，群势衰退，持续 1~2 个月。

二、品种来源与变化

（一）品种形成

华南中蜂是其分布区内的自然蜂种，是在华南地区生态条件下，经长期自然选择而形成的中华蜜蜂的一个类型。

（二）群体数量和变化情况

广东省是华南中蜂中心分布地。据 2011 年统计，广东省有华南中蜂 60 万群（占全省蜂群饲养量的 92% 以上）。过去，广东省饲养的华南中蜂都是采用传统的饲养方式，发展缓慢。20 世纪 50 年代开始，采用活框饲养技术后，华南中蜂的数量曾迅速增加，但由于 1972 年中蜂囊状幼虫病暴发，蜂群数量急剧下降，此后逐渐恢复。到了 20 世纪 80 年代，由于山区开发，蜜源植物受到严重破坏，养蜂成本增加，很多养蜂者弃蜂从工或从商，因此蜂群数又下降，但此后又逐渐恢复。2005 年也因为中蜂囊状幼虫病再次发生，而再一次使蜂群数下降。2006 年以后由于加强对蜂农的培训，蜂群数量发展快，2012 年达到历史最高水平。广东省华南中蜂群数量变化情况见表 5.1。

表 5.1　广东省华南中蜂数量变化情况

年份（年）	1970	1972	1979	1989	1999	2004	2005	2007	2011	2012
数量（万群）	40	20	32	25	35	45	33	48	60	73

由于西方蜜蜂的生产性能好，产量高，产品多元化，因此，引进中国后迅速扩展，成为中国主要饲养的当家蜂种。在很多地方中蜂群数退缩，有些省份只在部分山区存在。在广东省，与其他省不同，华南中蜂是当家品种，西方蜜蜂只占 5%~7%，是饲养中蜂比例最高的省份。形成这种现状的主要原因有，西方蜜蜂对广东的气候、蜜源条件适应性差，无法定地饲养，只有长途转地才能取得较好的经济效益。但随着广东经济的发展，就业机会的增加，广东养蜂者多数不愿离开家乡进行长途转地，加之广东人喜欢"土蜂蜜"，其售价高于西方蜜蜂生产的蜂蜜，因此大多数养蜂者选择饲养中蜂，从而使中蜂数量在广东呈现上升趋势。

华南中蜂由于其繁殖力强，其分蜂性增强，维持群势能力降低，加之蜜源植物减少、中蜂囊状幼虫病的危害，导致生产性能下降。

三、形态特征

蜂王基本呈黑灰色，腹节有灰黄色环带；雄蜂黑色；工蜂为黄黑相间。其他主要形态特征见表 5.2。

表 5.2　华南中蜂主要形态指标

样本数量	喙长（只）	前翅长（mm）	前翅宽（mm）	3+4 腹节背板总长(mm)	肘脉指数（mm）
300	4.99±0.68	8.34±0.1	2.90±0.06	4.04±0.107	3.58±0.34

注：数据由广东省昆虫研究所 2006 年 7 月采样测定取得。

蜂王与工蜂　　　　　　　　　工蜂　　　　　　　　　雄蜂

四、生物学特性

在繁殖高峰期，平均日产卵量为 500~700 粒，最高日产卵量为 1 200 粒。

育虫节律较陡，受气候、蜜源等外界条件影响较明显。春季繁殖较快，夏季繁殖缓慢，秋季有些地方停止产卵，冬季繁殖中等。

维持群势能力较弱，一般群势为 3~4 框蜂，最大群势达 8 框蜂左右。分蜂性较强，通常一年分蜂 2~3 次；分蜂时，群势多为 3~5 框蜂，有的群势 2 框蜂即进行分蜂。蜂群经过度夏期后，群势下降 40%~45%。

温驯性中等，受外界刺激时反应较强烈，易螫人。盗性较强，食物缺乏时易发生互盗。防卫性能中等，易飞逃。

易感染中蜂囊状幼虫病，病害流行时，发病率高达 85% 以上。此病尚无有效的治疗药物，主要采取消毒、选育抗病蜂种、幽闭蜂王迫使其停止产卵而断子等措施进行防治。

五、生产性能

（一）蜂产品产量

产品只有蜂蜜和少量蜂蜡。年均群产蜜量因饲养方式不同差异很大。定地饲养年均群产蜂蜜 10~18 kg，转地饲养年均群产蜂蜜 15~30 kg。可生产少量蜂蜡（年均群产不足 0.5 kg），一般自用加工巢础。

（二）蜂产品质量

华南中蜂生产的蜂蜜浓度较低，成熟蜜含水量多在 23%~27%，淀粉酶值 2~6，蜂蜜颜色较浅，味道香醇。

六、饲养管理

中心分布区的放养方式有两种：75%~80% 的蜂群为定地结合小转地饲养，20%~25% 的蜂群为定地饲养，基本都采用现代活框饲养。

七、品种保护与研究利用

华南中蜂于 2011 年被收录进《中国畜禽遗传资源志·蜜蜂志》，2017 年被列入《广东省畜禽遗传资源保护名录》。根据广东省农业厅公告 2014 年第 10 号，广东桂岭蜂业科技股份公司被确定为省级华南中蜂保种场。2017 年，根据农业部公告第 2535 号，蕉岭县被确定为国家级华南中蜂保护区（建设单位为蕉岭县畜牧兽医技术推广中心）。

八、品种评价

　　华南中蜂嗅觉灵敏，能利用零星蜜源，消耗饲料少，抗囊状幼虫病和巢虫的能力高于其他类型的中华蜜蜂。缺点为分蜂性强，盗性强。饲养华南蜜蜂，对山区经济发展起到推动作用。建议政府加强对养蜂业的领导，加强对中蜂囊状幼虫病的防治研究，寻找符合中蜂生物学特性的饲养技术，加强对蜂农的技术培训，建立规模化、标准化的中蜂生产示范蜂场。

参 考 文 献

《广东省家畜家禽品种志》编辑委员会，广东省畜牧局，1987．广东省家畜家禽品种志［M］．广州：广东科技出版社．

国家畜禽遗传资源委员会，2010．中国畜禽遗传资源志［M］．北京：中国农业出版社．

耿社民，刘小林，2003．中国家畜品种资源纲要［M］．北京：中国农业出版社．

Instant Pot® LUX Series

User Manual

Instant Pot® Company
11 - 300 Earl Grey Dr. Suite 383
Ottawa, Ontario
K2T 1C1
Canada

Telephone: +1-800-828-7280
Fax: +1-613-800-0726
Web: www.InstantPot.com
US and Canada E-mail: support@instantpot.com

To enhance your experience with Instant Pot, join the official Instant Pot Community

Facebook.com/groups/instantpotcommunity

twitter.com/instantpot

Instant Pot App® - Free Recipes & More

Copyright © Instant Pot® Company

Instant Pot®

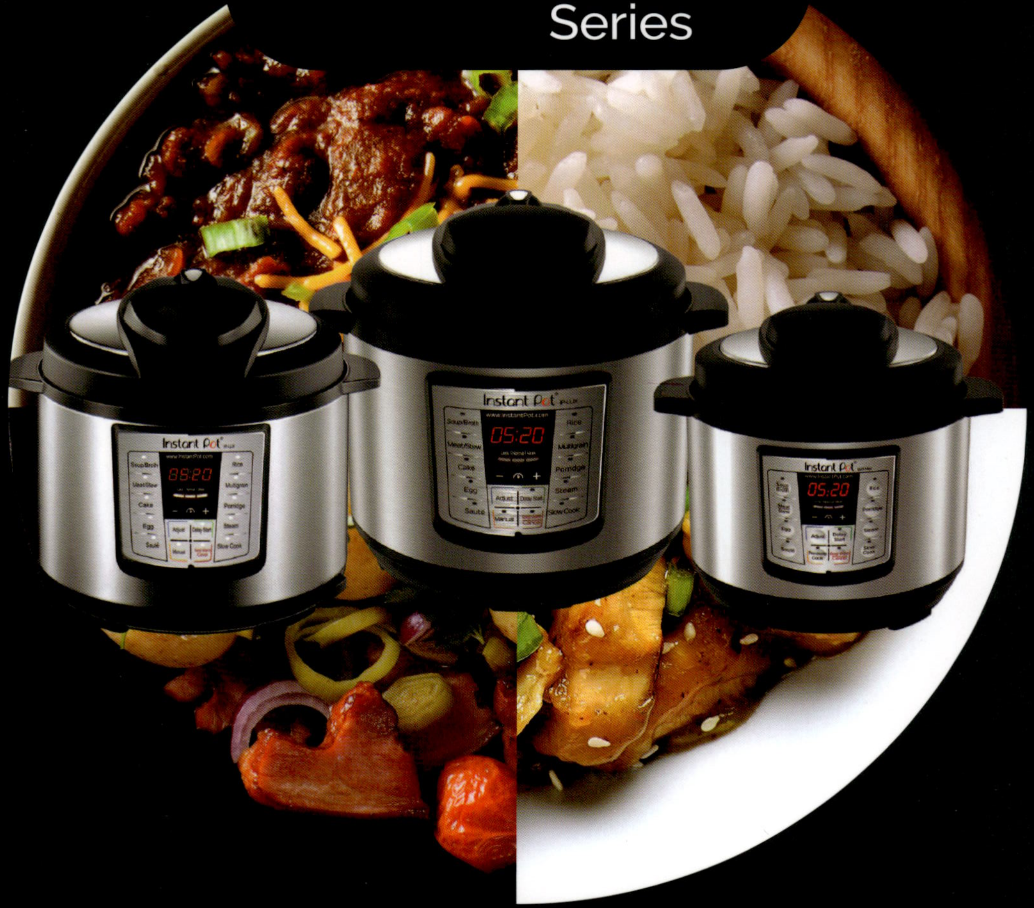

601-0101-01